20几岁必须抛弃的"小"习惯

雨枫/编著

企业管理出版社
ENTERPRISE MANAGEMENT PUBLISHING HOUSE

图书在版编目（CIP）数据

20 几岁必须抛弃的"小"习惯／雨枫编著. —北京：
企业管理出版社，2011. 10

　ISBN 978-7-80255-882-3

　Ⅰ. ①2⋯ Ⅱ. ①雨⋯ Ⅲ. ①成功心理－青年读物 Ⅳ. B848. 4-49

　　中国版本图书馆 CIP 数据核字（2011）第 186665 号

书　　名：20 几岁必须抛弃的"小"习惯
作　　者：雨　枫
策划编辑：杨亚琼
责任编辑：谢晓绚
书　　号：ISBN 978-7-80255-882-3
出版发行：企业管理出版社
地　　址：北京市海淀区紫竹院南路 17 号　　邮编：100048
网　　址：http：//www. emph. cn
电　　话：总编室（010）68420309　发行部（010）68701638
　　　　　编辑部（010）68701891
电子信箱：emph003@ sina. cn
印　　刷：三河市南阳印刷有限公司
经　　销：新华书店
规　　格：170 毫米 ×240 毫米　16 开本　14 印张　206 千字
版　　次：2011 年 10 月第 1 版　2011 年 10 月第 1 次印刷
定　　价：29.80 元

F OREWORD

前言

规避谬误，美好青春

20 几岁，是人一生中最美好的时光。笑容最灿烂，皮肤最滑嫩，脸庞最美丽，身体最健康。20 几岁，是人生的青春，是人生的早晨，是人生的黄金时间。

但是，除了这些美好之外，20 几岁也是人的一生中最黯淡的时光。处在少年和成人的过渡期，在现实和理想之间不停地挣扎，想要在这个社会上立足，就不得不面临各种各样的困难。

20 几岁时，青春是你最大的资本，也是最大的困境。

既然是年轻的人们，刚刚脱离家庭的护佑走进广阔的社会天地，缺乏社会经验的你很有可能走进谬误的歧途。我们可能会因为年轻而认识不到时间的宝贵；可能会因为一时不能适应外面的世界而终日无所事事；可能会因为不知道社会的游戏规则而摇摇摆摆，甚至险些被淘汰出局；可能会因为太习惯父母的爱而产生过分的依赖；可能会因为对爱情的浅见而与最爱的人擦肩而过，不知道好好珍惜；可能会因为遭遇到太多的挫折而整天把抱怨挂在嘴边；可能会因为恃才傲物而整日炫耀显摆，惹得旁人侧目；可能会因为不懂理财而变成"月光族"；可能会因为不懂得人际关系而丧失了积累人脉的最佳时期；可能会因为心灵脆弱而向苦难低头；可能会因为考虑不周而在事业和生活中走很多弯路；可能会因为年轻就透支身体，拼命挥洒青春……这所有的谬误，都会在这美好的年龄段找上门来，会让我们垂头丧气，甚至在人生的起跑线上一败涂地。

但是，年轻的朋友们，请不要害怕，有一句话说的很好："青春最大的好处，就是这个梦碎了，还可以接着做下一个梦。"谁不是在错误中成长起来的呢？谁不是犯了一次错之后不再犯同样的错误，一步步成长为一个成功的人呢？

在你前进的道路上，你手里的这本书将是你最好的伙伴。它会告诉你20几岁最容易犯的错误，以及怎样去规避这些谬误。比如怎样树立自己的目标计划，做一个实干家，把最美好的青春利用起来；怎样积极求职，为自己的未来建立一份可以为之奋斗的事业，找个靠得住的饭碗；怎样在这个鱼龙混杂的社会中找到合适的游戏规则，做到适者生存；怎样从父母的护佑中独立出来；怎样珍惜爱情，抓住值得你爱的恋人……当然，这所有的一切都是关于，怎样做一个更好的年轻人，怎样拥有一个更为美好的青春。

年轻的朋友们，如果你对前方的道路感到彷徨，就请翻开这本书，看看这个好朋友告诉你怎么去尽量规避谬误，走一条更平顺的道路。我们相信，无论错误与否，青春都是美好的，走过去，就是灿烂的阳光。

作者

C ONTENTS
目录

第一章

青春一去不复返，只有时间才是金钱

很多年轻人说青春是一生中最美好的时光；也有很多中年人感叹，说青春是一生中最短暂的时节。正因为青春短暂，我们才需要抓紧时间，才需要抓紧这最美好的时光。不要觉得时间还多，就无所事事，蹉跎岁月。要知道，在如今的社会，时间就是金钱，而利用得好的青春，则是＂投资回报率＂最高的岁月。所以，不要再在原地做无谓的感叹，也不要因为韶华正当而没有危机感，抓紧时间，去创造人生的价值吧。

1. 没有目标，不知道要做什么

"明天放假，做点什么呢"、"今天休息，就在家睡觉好了"，这些浑浑噩噩的计划，就是如今很多年轻人的真实写照。不知道是因为时代还是个人的原因，如今20几岁的人们，很多都没有明确的奋斗目标，不会计划，不会提前打算，得过且过。问问自己，有没有短期规划和长期规划呢？没有目标的人生是危险的，因为你终将一事无成！

有目标才有压力，有压力就有动力，就有成功的可能性。我们的生命中非常重要的一个推动器就是为自己制定一个明确的目标。如果我们在20多岁时没有一个相对明确的目标，那将是相当可怕的。

古往今来，不论是东方还是西方，无数的仁人志士无不用精辟的言辞鼓励着世人。西班牙的塞万提斯说："目标愈高，志向就愈可贵。"法国的蒙田说："灵魂如果没有确定的目标，它就会丧失自己。"俄国的车尔尼雪夫斯基说："没有目标，哪来的劲头？"法国的戴高尔说："目标已经在望，为了这个目标，我们遭受一些痛苦是值得的。在这以后，我们将会飞的更高、更远、更有力。然而，生活难道不就是这样吗？"英国的塞·罗杰斯说："心中认定一个目标，无论他人如何责骂，自己只管前进。"这些无不激励着我们，督促着我们为自己制定一个明确的目标。

说到底，目标就是自己的理想，是自己奋斗的动力。我们应该坚持这样一个信念：今生今世可以放弃很多东西，但决不能放弃梦想。纵然是一百次美丽的破碎，也要流泪放飞一百零一次的梦想。

试想，你在周六早晨起床后，却发现这一天没有任何的日程安排。你在一连五天的工作时间内努力地工作，并期待着一个轻松的周末到来。你醒后，起床、洗漱、脱掉睡衣，然后准备早餐。之后读报纸、打几个电话、看看电视、吃午饭，饭后又看电视、玩电脑游戏、再打个盹。一觉醒来，又到了做晚饭的时间。晚饭后，接着看电视，然后爬上床睡觉。

这样度过的一天，你感觉如何呢？十有八九头昏眼花，神情沮丧。真不明白你为什么这么消沉，你是怎么了。难怪你这么烦，其实你是在为白白地浪费了一天时间而烦心！再也找不回来的 24 小时已成为历史。

你漫无目的的晃荡了一整天，什么事情也没有做。有些人就是这样，过着放任自由的生活。他们一开始时是一天，一个星期或者一个月无所事事。日复一日，年复一年，终究虚度一生，等发现时，悔之晚矣。

换句话说，生活有了方向你才觉得有奔头。在你辛苦工作了一天后，会感到很充实，即使你觉得很累，也会为你所完成的工作而兴奋不已。

一个人生活有了目标，无论是大目标还是小目标，他都是最幸福的人，因为他期待着去实现这一目标。想想看，我们生活中最激动人心的时刻难道不是实现了你所追求的目标那一时刻吗？在我们的事业中，有过许多激动人心的时刻，如月销售的直线上升，成功的一次推销，做成了一笔大买卖，或者建成了一个大的企业。

如果我们对未来没有了期望，那么就只剩下了空虚。医学专家对晚期绝症病人的研究表明：对未来做出计划的病人比那些未来没有任何计划的病人生存的时间要长。例如，一个只能活 3 个月的癌症病人，为了在世能看到儿子大学毕业或孙女的婚礼，可以活 6 个月；一个临近死亡的人，为了能亲眼见到他特别关心的事，包括他所爱的人，可以多弥留在世一段时间。

生活中拥有目标是十分重要的，你肯定会为此怀抱希望，并做出优先选择。

我的朋友苏朵自认为是当音乐家的料。可是在我记忆中，上初中时他演奏手鼓并不怎么高明，唱歌又五音不全，实在让人不敢恭维。光阴似箭，我们中学毕业后就失去了联系。我念大学，读研究生，之后成了圣玛丽大学的哲学教授。苏朵为实现当歌唱家兼作曲家的理想，去了"乡村音乐之都"纳什维尔。

苏朵到那儿后，用有限的积蓄买了一辆旧汽车，既做交通工具又用来睡觉。他特意找到一份上夜班的工作，以便白天有时间光顾唱片公司。在这期间，他学会了弹吉他，好多年时间，他一直在坚持写歌练唱，叩击成功之门。

有一天，我接到一位跟苏朵相识的朋友打来的电话："听听这首歌。"他说罢，将话筒靠近扬声器。刹那间，我听到了一阵美妙动听的歌声。真不愧是个出色的歌手！"这是卡皮托尔公司为苏朵出的唱片。"朋友在电话中说，"他在全国每周流行唱片选目中名列前茅，你相信么？"我的确难以相信，这首歌就是苏朵自己写自己录制的。然而，苏朵确确实实做到了。不仅仅如此，在当时一套畅销的乡村音乐唱片集中,主题歌《赌徒》也是苏朵的杰作。

从那时起,苏朵创作并演唱了23首优秀的歌曲。由于他专心致志,全力以赴,终于实现了自己的梦想。

苏朵的际遇说明了:人如果没有梦想,就会裹足不前;反之,如果有了梦想,就会扬帆远航,为梦想而战。

不少人终生都像梦游者一样,漫无目标地游荡。他们每天都按熟悉的"老一套"生活,从来不问自己:"我这一生要干什么?"他们对自己的作为不甚了了,因为他们缺少目标。

制定目标,是意志朝某个方向高度集中的体现。不妨从你渴望的一个清楚的构想开始,把你的目标写在纸上,并定出实现它的时间。不要将全部精力用在获得和支配目标上,而应当集中于为实现你的愿望去做、去创造、去奉献——制定目标可以带来我们都需要的真正的满足感。

然而我们很容易满足于自己已达到的目标,不再要求上进。其实,为了不让希望落空,我们应当制定新的目标,不断向新的高度攀登。

2. 觉得青春还很长，不珍惜时间

  岁月的沧桑，无情地在每个人的脸上镌刻出道道年轮，仿佛在诉说着各自不同的人生经历，这就是时间老人对每个人馈赠的厚礼，珍惜它，能带给你一生美好的回忆；闲置、浪费它，会给你带来空虚、无聊、难耐的寂寞，甚至是无穷的痛苦，这就是对不珍惜时间的人无情的惩罚。所以，20几岁的你，不要觉得时间还很长，一定要珍惜这美好的青春，珍惜像金子一样宝贵的时间！

  时间是人类宝贵的财富，它对每个人、每件事都是毫不留情的，只有那些勇于驾驭时间、敢于畅游时间历史长河的人，才能真正享受它的快乐与美好。时间不等人，不可等闲视之，一定要充分地利用，才能实现它的价值。时间稍纵即逝，如果你不珍惜它，它就会悄悄地从机会的指缝中溜走，把握时机，珍惜时间，你就会得到人生中意想不到的厚重回馈！它能使你在珍惜奋斗的过程中挑战自我、超越自我，实现创新的自我价值，实现生命的价值。莫要小觑时间给你带来的益处。时间是死的，但人是灵活的，你可以合理地安排作息时间，挤时间、抢时间，敢于和时间赛跑的人永远都是胜利者！

  对于不在乎时间流逝的人，时间老人会毫不吝啬地给予回击，在你沧桑的面目上，留下重重的痕迹，时间留给人们的喜怒哀乐，都写在每个人的脸上，它是跨越时空的最好见证。你把时间看得有多重要，你的生命价值就有多重要，时间与你取得的成绩是成正比的。不要让无情的时间给你的人生留下遗憾，因为时间是组成生命的材料。

  历数古今中外一切有大建树者，无一不惜时如金。古书《淮南子》有云："圣人不贵尺之璧，而重寸之阴。"汉乐府《长歌行》有这样的诗句："百川东到海，何时复西归？少壮不努力，老大徒伤悲。"晋朝陶渊明也有惜时诗："盛年不重来，一日难再晨，及时当勉励，岁月不待人。"唐末王贞白《白鹿洞》诗中更有"一寸光阴一寸金"的妙喻。法国作家巴尔扎克把时间比作资本，德国诗人歌德把时间看成是自己的财产。鲁迅先生对时间的认识更深刻，他说："时间就是生命。无端地空耗别人的时间，其实无异

于谋财害命。"法拉第中年以后，为了节省时间，把整个身心都用在科学创造上，严格控制自己，拒绝参加一切与科学无关的活动，甚至辞去皇家学院主席的职务。居里夫人为了不使来访者拖延拜访的时间，会客室里从来不放坐椅。76岁的爱因斯坦病倒了，有位老朋友问他想要什么东西，他说，我只希望还有若干小时的时间，让我把一些稿子整理好。其实，所有这些都说明了一个问题，那就是，有大成就的人，往往都是珍惜时间的人。

著名的发明家爱迪生一生所经历的正式教育就只是短短3个月的小学教育，他的学问是靠母亲的教导和自修得来的。他的成功，归功于母亲自小对他的谅解与耐心的教导，这种教导使原来被人认为是低能儿的爱迪生，长大后成为举世闻名的"发明大王"。

爱迪生从小就对很多事物感到好奇，而且喜欢亲自去试验，直到明白了其中的道理为止。长大以后，他根据自己这方面的兴趣，一心一意做研究和发明的工作。他在新泽西州建立了一个实验室，一生共发明了电灯、电报机、留声机、电影机、磁力析矿机、压碎机等2 000余种东西。爱迪生的强烈的研究精神，使他对改进人类的生活方式，做出了重大的贡献。

"人生最大的浪费莫过于浪费时间了。"爱迪生常对助手说。"人生太短暂了，要多想办法，用极少的时间办更多的事情。"

一天，爱迪生在实验室里工作，他递给助手一个没上灯口的空玻璃灯泡，说："你量量灯泡的容量。"过了好半天，他问："容量多少？"却转头看见助手拿着软尺在测量灯泡的周长、斜度，并拿测得的数字伏在桌上计算。爱迪生走过来，拿起那个空灯泡，往里面斟满了水，交给助手，说："里面的水倒在量杯里，马上告诉我它的容量。"助手立刻读出了数字。爱迪生说："这是多么容易的测量方法啊，它又准确，又节省时间，你怎么想不到呢？还去算，那岂不是白白地浪费时间吗？"助手的脸红了。爱迪生喃喃地说："人生太短暂了，太短暂了，要节省时间，多做事情啊！"

如果说爱迪生的例子是老掉牙的，那么，我们就来看看身边的例子。很多年轻人都很向往美国、日本富裕的生活，然而，你知道他们是多么珍惜时间吗？早在200多年前美国还没独立的时候，美国启蒙运动的开创者、科学家、实业家和独立运动的领导人之一富兰克林就在他编撰的《致富之路》一书中收入了两句在美国流传甚广、掷地有声的格言："时间就是生命，时间就是金钱"。20世纪90年代初，中国辽宁青年参观团在日本出席一个会议，出国前团长准备了厚厚一叠发言稿，可是届时日方官员递上的会序表却写着："中方发言时间：10点17分20秒至18分20秒。"发言时间仅为一分钟！这在那些"一杯茶水一支烟，一张报纸看半天"的人看来，似乎不可思议，而在日本却是极为平常的。日本从工人到学者，时间观念都非常强。他们考核岗位工人称职不称职的基本标准就是在保证质量的前提下单位时间的劳动量，时间一般精确到秒。

所以说，时间就是金钱，就是财富，就是生命。如果你还觉得青春趁早，来日方长，那就赶快醒悟吧，不要让时间从你的指尖偷偷流过，不要垂垂老矣时才追悔莫及。现在就抓紧一分一秒的时间，做你想做的事，实现你青春的梦想吧！

3. 有着很多不切实际的想法

"蚍蜉撼大树,可笑不自量。"在20几岁的年纪,有"初生牛犊不怕虎"的精神固然是可贵的,但是,也必须要明白一个成长道路上必知的问题,那就是:在制定目标时,讲求实际。如果你投资2万元,却想在1个月之内收回200万元,可能吗?到头来只会灰头土脸,信心尽失。天上不会掉馅饼,还是一步一个脚印,从点点滴滴的实际做起吧!

我们也许会经常思考这样一个问题,为什么同样是人,有的人大有作为,而有的人却一生碌碌无为。到底是什么在决定一个人的命运呢?是身高吗?长相吗?体重吗?家庭背景吗?学历吗?回答都是否定的。

前面所说的一切,表面上看来都决定了我们一生的命运,但实际上这些对我们的影响很小,全世界有太多的成功人士,他们既没有良好的家庭背景,又没有高深的学历,甚至长相也不尽如人意,却获得成功,最后拥有了财富、名誉、地位,为社会做出了伟大的贡献。

而为什么有人会从一开始就碌碌无为呢?不是因为造化弄人,也不是因为能力不够,而是因为他们的人生观和价值观出现了偏差,所以他们无论如何努力,只要思路得不到改变,一切努力都是白费。他们总是认为自己什么都可以做,带着一股"初生牛犊不怕虎"的精神去各个地方都试试水,殊不知,不切实际的想法令他们永远都浅尝辄止,一事无成。到头来都只是"闲白了头,空悲切"。

一位著名的商人在一次演讲中,对即将毕业并踏上工作岗位的学生们说:与其有一万个不切合实际的想法,不如只有一个符合自身实际而且有望实现的想法。现在很多年轻人普遍存在一种空虚、轻飘飘的想法,不论是面对工作还是生活方面,总想着天上掉个大馅饼,一夜暴富,或者守株待兔。

很久很久以前,老鼠一直深受猫的侵袭,眼看着老鼠死的死,伤的伤,数量一天不如一天,日日刷新着记录。侥幸尚存的老鼠整日提心吊胆,苦恼不已。一日,老鼠们决定在一个宽敞的老鼠洞里开一个集体会议,来探讨对付猫的办法。

　　次日中午，老鼠们开会了。会议上大家各持己见，都认为自己的计策能行，"唧唧唧"，到处都是争辩声。一只中年老鼠拄着拐杖，迈着沉重的步子走过来，还晃了晃脑袋："听听我的主意，准能行！"说着还故意顿了一下，"我们呀，随时随地都把那老鼠药带在身上，只要猫一来，瞄准时机把老鼠药往它嘴里一丢，猫不就一命呜呼了吗？"它刚说完，就引得大家议论纷纷，一位带着老鼠宝宝的老鼠重重地拍了拍桌子，跺了跺脚，怒气冲冲地喊道："你这坏心眼的家伙，出的什么烂主意啊，要是孩子把老鼠药当好吃的吃了怎么办？我看你是心怀鬼胎！""是啊，不能让孩子们冒这个险！""决不能让孩子们受到伤害！"……大家都同意那个老鼠的意见，一致认为这个办法太危险了，行不通！

　　又一只年迈的老鼠走到中间，摸了摸胡子，点了点头，一富有经验的样子。"让我出个主意如何？"这只"知识渊博"的老鼠说道："我们发明一种药，把我们变大，把猫变小。这样我们就不用不怕猫了，而且是猫要怕我们呢！""哼，馊主意！我们变大了怎么偷东西吃呀？"刚才那只拄拐杖的中年老鼠斜着嘴，歪着脖子，一脸的不高兴，不满地说。大家觉得也对，这办法也不行。

　　接着大家又出了不少办法，可都不行。大家都失望极了，正准备散去时，一只年轻的老鼠听见铃铛的响声，突然来了灵感。他眼珠子一转，嘿嘿一笑，对垂头丧气的大伙儿说："我有一个主意，你们不妨听听。我想，如果给猫带个铃铛，猫一来，铃铛就会响。我们一听见铃铛响就逃，不就行了？"大家一听，顿时喜笑颜开，连连称赞年轻老鼠聪慧过人。

　　大家都沉浸在喜悦的情绪中，但那只最年长的老鼠却紧缩着眉头，像是在思考什么。他先前一句话也没说，这时他却走到人群中间，严肃地说："那么请问铃铛由谁去挂呢？"顿时，空气像凝固了似的，大家都愣住了，谁也不敢出声答应。

　　我们就像弱小的老鼠，强大的现实就像猫，惹不起，我们还可以躲得起。做人也是这样，不要整天抱怨自己的种种不幸，说自己一无是处，不可能有所作为。实际上，我们没有真正地认识自己，一时走进了"死胡同"，找不到出路。想法虽然很多，但基本不切合实际。这个时候就需要我们冷静下来，重新审视一下自己，及早放弃这条走不通的"死胡同"，给自己一条新的出路。不要一条路走到黑，每走完一段，都要静下心来，好好的总结，看自己走过的这段路是不是适合自己，还能走多远。若发现自己确实不适合继续走下去了，就应该及早地罢手，给自己重新选择一条更适合的路。

　　亲爱的年轻人们，你们是不是还在不喜欢的岗位上挣扎，觉得有朝一日会出人头地？你们是不是还孤注一掷地在做一件很久都没有起色的事情，幻想终将迎来美好的结局？请马上收收心吧，想想老鼠和猫的关系，如果老鼠懂得躲开，去其他的地方寻找美好的食物，不也是一条好方法吗？

4. 无意义的坚持是在浪费时间

　　成功贵在坚持，但在坚持前一定要看清楚你的坚持有没有意义，有时候，勇敢的放弃也是另一种坚持。放弃或许是一种伤痛，然而它像黎明前的黑暗，预示了光明的璀璨！人生有太多的无奈，不懂得放弃，就只能整日与忧愁相伴！

　　年轻的时候，最可爱和最美好的品质就是什么事情都认死理，坚持到底，不撞南墙不回头。可是，亲爱的朋友们，在碰了很多钉子之后，你们是否发现，自己在无意义的事情上浪费了太多的时间，荒废了太多的青春。在头破血流之后你们是否能够明白，其实，放弃也是一种美丽。它像秋天的落叶，孕育了春天的希望！所以，我们必须要懂得放弃。请不要懊恼，放弃并不意味着失败，它更像一种崭新的开始，是另一种生活的选择，人生本来就应该在追求之中放弃，在放弃中追求！

　　如果你只是低着头一个劲儿地坚持，而你所坚持的事情又没有任何意义，那你坚持到最后也只会缘木求鱼、抱薪救火，浪费时间。所以，我们一定要坚持那些有意义的事，古今中外的成功人士无不如此。

　　大家或许都记得 2008 年北京奥运会上，"飞人"刘翔因脚伤而放弃比赛的事情。其实谁都明白，即便刘翔当时跑了也没有任何成绩，反而有可能永远废了他的脚，他的放弃是明智的。镜头扫过他的脸，大家可以看到跑前的他痛苦万分。当时，大家的心都忐忑不安，有一种不祥的预感。发令枪响，他奋力跑了两步，有人抢跑，他又停了下来。一瘸一拐，将腿上的号码撕下来转身离开。广播宣布"刘翔退赛"的时候，观众们都发出惊讶的声音。

　　之后，大多数人对刘翔退赛的事情，都表现出了很好的理智，没有任何愤怒、遗憾或者失望。尽管大家都一直很期待他可以在北京奥运会上继续创造辉煌，可是事实是，他的腿不能支持他跑步了，他退出了。

　　但是同时，也有好多人在批评他，说他是"败类"，说他是"垃圾"。说他四年来吃喝玩乐只顾着拍广告，一文不值。

好多人说他是"懦夫"。说他不跑，也应该走到终点。但是，刘翔带着勇气和泪水，以及身体和心理上的伤痛，出来迎接了这一切暴风骤雨，他说："我的伤痛真的一时好不了，不能跑了。但是我会再回来的。这次的放弃，也是为了不放弃我永远的运动生涯，请大家相信我。"

一席话，掷地有声。4年前，他是中国的英雄，他到领奖台上的一跃成为经典，每个人都真心的为他骄傲。4年后，发生了这件事，但在大家心目中，他还是英雄！他曾经给大家的感动仍在，他向世界证明了中国的力量。相信刘翔一次的放弃，一定会换回更辉煌的成功。

如今，刘翔已经伤愈复出，并且在各种锦标赛上取得不俗的成绩，慢慢恢复了良好的状态。如果他当时仅凭所谓的"精神"就带着严重的伤坚持跑完，后果也许会不堪设想。如今的他，还是那个神采奕奕的"飞人"，他的这一次放弃，一定会换来更辉煌的成功。

如果你也是一个面对长长的跑道和万千期待的目光，但却身负重伤的刘翔，那么希望你记住，你不是为别人而活，而是为自己而活。如果真的坚持不下去，就放弃吧。青春的美好在于，一个梦碎了，还能做另一个梦。所以，回去养养伤吧，一定要用良好的状态出现在鲜活的世界里。

5. 只会空想，很少去行动

梦想，是多么美好的一个词，是年轻的表情和年轻的声音。这个词语固然美好，也要特别注意，不要从"梦想家"变成"空想家"。没有实际行动，只会整天托着腮帮子做白日梦，小心哪天腮帮子下长出了皱纹，梦想还只是梦想，而想要行动却为时已晚了！

"停止空想，开始行动。"这是 IBM 的一个电视广告里说的一句话，也是该广告的核心。这简直就是对现在一些年轻人的忠告。很多人会在风华正茂的时候以"梦想家"自居，可是，如果不去行动，梦想再多，也会——付诸东流，到时候，曾经的梦想家，就会成为名副其实，人人都瞧不起的"空想家"了！

所谓"空想"，是指对只想不做的一种形容。有很多时候我们都在想我们要做些什么，要怎么做，甚至要付出的努力我们都仔细想过。可是我们仅仅在想，而没有行动。想只能是空想，永远不能成为现实。人人都有梦想，梦想是促使人去努力做事，而达到目标的美好想法。可是如果只做白日梦，那就糟糕了。做梦的人醒了还好，就怕这个梦永远也不会醒，那才是可悲，甚至还可以说有点可怜了。

在我们周围这样的人并不在少数，那么他们为什么不行动呢？行动就是要付出劳动，劳动就必然会有苦，有了苦自然想到逃。他们认为做这件事很难，可能做不好；想去学也怕学不好，到时白费了心思。不敢做，也不去行动，又怎么能成功。想固然重要，但如果只是想，而不去付诸行动，那也是"五十步笑百步"了。从辩证法的角度来说，没有实践支撑的想是不科学的。看看下面的例子，你是不是也看到了自己的影子？

小吴是一个从名牌大学刚刚毕业的学生，在他的脑海里只有一个印象：我是名牌大学毕业的，我的想法都是很有价值的，我也是很有价值的。但是小吴总是懒于行动，今天有这么个想法，明天有那么个想法。他的想法或许真的很不错，但因为一直没有付诸过实践，所以几乎没有人知道他有什么值得大家为之震惊的想法。后来，小吴在一个著名商业总裁的鼓舞下，逐渐地把自己的一个个想法都付诸实践。最后终于成就了一番不小的事业。

实际上不仅小吴，我们周围这样的例子比比皆是，很多人都认为自己很"牛"，自己的想法很独特，自己天生就是一个很好的思想家。但他们都忽视了一个前提，思想家是在实干的基础上才产生的，否则那只是空想家罢了。

行动起来吧，如果一件事你不去做，你也许永远不怕失败，但是你永远也不会成功，虽然你这一次或许失败了，可说不定下次就会成功，成功是在失败之后总结出来的结果。多次的失败会换来辉煌的成功。还等什么，赶快行动起来吧，希望在于行动。

6. 小事情懒得做，却天天想着做大事

"聚沙成塔，积少成多。"你是不是从小就背诵这两句话？可是，你真的明白它们的含义吗？你有没有按照这个真理去做事和做人呢？你是不是总认为自己是干大事的材料，而对身边的小事不屑一顾呢？其实，在很多时候，小事里面隐藏着大事的机会，却往往在你轻蔑的一瞥中溜走了。

有这么一句古语说的好："勿以善小而不为，勿以恶小而为之。"它告诫我们不要认为事情小而忽略了它的意义和作用。凡能成就大事者，均把做好每一件小事看得很重要。一件小事往往会改变人们对你的看法，改变自己为人处事的原则，改变自己的人生轨迹，做一件好的小事，会给人留下好的印象，同样，做一件小的恶事，会给自己纯洁的人生涂上一个污点。

《劝学》篇中写到："不积跬步，无以至千里；不积小流，无以成江海"。好事虽小，积累起来就能成就闪光的人生，雷锋精神之所以源远流长，就是因为雷锋同志不论何时何地总是把做好事当作一种责任，当作毕生的追求，雷锋精神值得我们代代相传。

人们常说"细节决定成败"。其实，生活中的每一件小事都是工作中的"细节"，小事上往往最能体现出一个人的修养。在现实生活中不乏想做大事的人，但愿意把小事做细的人却不多；不乏雄韬大略的战略家，而精益求精的执行者却不多；各类宏观的规章制度很多，而不折不扣执行落实的却不多。许多人并不明白，要做好身边的每一件小事，没有一定的素质修养是不行的。只有改变心浮气躁、浅尝辄止的毛病，才有可能注重细节，把小事做细。要懂得，把每一件简单的事做好就是不简单，把每一件平凡的事做好就是不平凡，把每一件小事做好终将成就大事。

对于任何人来说，从小事做起十分重要，也十分必要，因为这句话包含了人在成长过程中的许多值得关注的要素。

从小事做起是一种良好的习惯，它督促我们不浪费一点一滴的时间，懂得一寸光阴一寸金；让我们学会不浪费粮食，懂得粒粒皆辛苦。

从小事做起是一种正确的心态，它要求我们不好高骛远，懂得千里之行，始于足下；让我们明白成功得来不易，需要长时间的坚持不懈；让我们遇到挫折不气馁，因为只要每天进步一点点，就一定能获得成功。

从小事做起是一种优秀的品格，它鼓励我们细致入微地关心别人；激励我们讲求诚信，做到一言九鼎、一诺千金。

一个人是如此，一个国家更是如此。当日本广岛亚运会结束的时候，6万人的会场上竟没有一张废纸。全世界报纸都登文惊叹："可敬，可怕的日本民族！"再看看我们国家9月1日天安门广场升国旗的镜头，当人们散去时，满地废纸。捡起一张废纸，这是一件小事，但这就是爱国的开始。美国太空3号登月计划的失败只是因为一节30块钱的小电池坏了。他们这个酝酿很久的航天计划被这个小细节所破坏，几亿元就这么报废了。前苏联著名宇航员弗拉迪米尔·科马洛夫1967年8月23日单人驾驶联盟一号宇宙飞船完成任务胜利返航时，需要打开降落伞以减慢飞船的速度，而降落伞却失灵了，导致了飞船的坠毁。追查原因时发现，坠毁的原因只是由于一个被忽略的小数点。

天下任何小事都是大事。集小恶则成大恶，集小善则为大善。所有的事情，都是在小事中一点一滴地积累起来的。年轻的朋友们，请把眼光放低一点，发现身边的小事，从它们做起吧，也许那就是你辉煌人生的起点呢。

7. 女孩有双手，就不要吃"青春饭"

很多女明星年轻的时候，可谓是千人追捧，万人羡慕；那个时候，其貌不扬的你可能在心中埋怨，为什么自己没有这么美丽呢？真是造化弄人。可是，再看看那些晚景凄凉的，曾经耀眼的美丽女孩们。当她们皱纹成堆，美貌不再，一切都成为过眼云烟时，她们有的孤独终老，有的甚至以发疯告终。为什么呢？因为她们都吃了那碗无法永远保证温饱的"青春饭"。

"青春饭"，曾意味着是吃"脸蛋儿"的职业。一个人的外表固然重要，但要是把它当成自己骄傲的资本，我们只能说，这个人一文不值。我们身边有很多女孩，总是仗着自己长得好看，平时在学校里很是嚣张，凭着自己漂亮的脸，就以为全世界都是她的，想想她们，难道不是太可笑了么？这个年纪，她们总以为身边有男生围着是很光彩的事，偶尔还会侮辱一下那些相貌平平的女生。但是，她们真的可以一辈子年轻么？时间的流逝终究会在大家的脸上都留下痕迹。漂亮不是资本，不要靠你的脸去生活。也不要看不起那些相貌平平的女生，在她们的另一半心中，她们永远是最美丽的公主。

如果说过去靠"脸蛋儿"就可以吃饭，那么如今的"青春饭"可没有那么多市场了，年轻的女孩子们，即使再美，也需要凭借自己的知识和才干才能生存下去。有调查表明，目前外企白领女性最希望公司给予的不是加薪，不是晋升，而是培训。因为她们明白，竞争是激烈的，更是无情的，只有放电没有充电，最终只会被淘汰。

我们看看一个吃传统"青春饭"女孩的遭遇，就明白珍惜青春和能力，是多么重要了。

小郭是一个刚刚大学毕业的女孩，她有着非常飘逸的长发，大大的眼睛，尖尖的鼻子，几乎是一个完美的女孩。但她有一个很不好的毛病，总想着找一个大款，把自己的余生寄托在这些不现实的想法上。后来她找到了一个很有钱的人，但令她呕血的是，当和那个富翁结婚后，她才知道那个所谓的"富翁"的一切都是从朋友那儿借来暂时做个门面的，而且这个"富翁"本身就欠了一屁股债。就这样，小郭"偷鸡不成蚀把米"。这或许是造化弄人，但罪魁祸首应该是小郭的不劳而获的思想。

如果你不想成为小郭的后继者，那么，请你听听下面的几条忠告，靠自己的内在美和外在美两种优势，永远意气风发的生活下去吧！

1. 吃青春饭时忙充电

每一份工作都是经验积累和自我提升的过程，无论你当前的职位多么低微，汲取新的、有价值的知识，将对你的事业大有裨益。同时，可以利用晚上和周末的时间学习一些专业知识，要明白知识储备越多，发展潜力就越大。

2. 常念危机紧箍咒

女孩要时刻默念职业危机的"紧箍咒"，毕竟几年的青春一晃就会过去。女人天性细致耐心、善于表达和沟通，可以利用自己目前的职业资源广交朋友，为将来谋划的职业大计搭建良好的人际关系，或许现在的朋友就是你今后事业发展的合作伙伴。

要冷静思考当前处境，清楚知道"我是谁"、"我适合做什么"，为自己量身定制一套职业发展规划，循序渐进地发展自己，基础稳定了，自然也会得到机遇的眷顾，顺利摆脱青春的饭碗，实现个人职业生涯质的飞跃。

不管是经历了风雨磨难还是品尝了欢乐幸福，这都是宝贵的财富，更懂得隐忍和坚守的人，才能将危机转化为契机，找到未来的发展方向。在平时应该注意多吸收一些行业的知识，并考虑业余时间兼职，为自己转行或者创业积累资本。这样，青春饭之后，才能继续美好的生活。

第二章

毕业了，为自己找个靠得住的『饭碗』

象牙塔里的生活单纯而美好，一切都有父母和亲人为你撑着。钱花光了可以打电话回家要，遭遇挫折了可以找老师倾诉或是寻求帮助。可是，一旦走出了象牙塔，就要一个人面对这个纷繁复杂的社会，到时候，你会做出怎样的选择？是畏惧逃避，还是自立自强？20几岁的人，必须要明白，在这个世界上生存，必须要找个靠谱的"饭碗"，自己管好自己的吃穿与生活。我相信你，你相信你自己吗？

8. 觉得毕业还早，工作的事情不着急

　　有很多即将毕业的大学在校学生总认为自己离毕业的时间还早，找工作的事儿不急。且不知当今社会，没工作就相当于什么都没有。放眼看去，多少人都是早在毕业前就敲定了自己的工作。所以年轻的人们啊，不应该老是觉着毕业还早，把工作的事儿搁置脑后。我们应该尽早调整职业的心态，做好就业心理准备；确定职业目标，制定职业生涯规划；提高核心竞争力，将知识转化为能力。

　　对于大学生，"就业"这个大问题从大一开始便摆在了眼前。看看现在的大学生，哪一个不是从大二就开始四处找实习，大三就开始找正式工作，大四就敲定了未来的去向？所以，要想找个好工作，我们应该早有想法，早做准备，多实习，多积累经验。

　　一个人精通一件事，哪怕是一项微不足道的技艺，只要他做得比所有人都好，那么也能获得丰厚的奖赏。如果他集中精神，坚韧不拔，将这门技艺使得异常精湛，他也将为此得到报偿。只有全心全意地寻找，才会有所发现，否则生命也没有任何特殊的意义。并非只有蜜蜂才在花丛中飞舞，然而却只有蜜蜂将花粉收集起来酿成蜂蜜。我们是否从多年的学习中以及年少时的辛苦中获得了丰富的经验并不重要，因为如果我们踏入社会时，对未来没有一个深思熟虑的想法，那么可以肯定，幸福不会降临，可以使我们成功的机遇也不会发生。比如下面这位同学，就具有了很好的专业技能，在求职中有着明显的优势。

　　夏婷是北京大学某小语种专业08级本科毕业生，她在今年1月份的时候就和广州某IT企业签约了，第一年月薪在5 000～7 000元之间，基本上实现了自己的预期。夏婷在大二末的时候就决定去工作，但由于学的专业是小语种，就业面很窄，当时刚好听说有一个06级毕业的同学，辅修了一个经济学双学位，后来签了一家外企，第一年月薪就14 000多元。于是她也修了经济学双学位。据夏婷介绍，她们班的同学有50%以上的人都辅修了双学位，其中以辅修国际关系和经济学的居多。迫于就业形势的压力，现在很多学生，尤其是文科专业的学生，会选择在校期间辅修双学位来增加自己的就业优势。文科类

专业由于专业性较弱，就业面较窄，所以就业时很受限制，如果辅修一个合适的专业，两个专业相辅相成，会极大地提升就业中的竞争力。但是，需要注意的是，双学位并不是一把求职的金钥匙，在不同的就业单位中被认可的差异程度很大。双学位的学习会耗费大量的时间和精力，可能会影响到第一专业的学习，以及正常实习、实践活动的参与，得与失之间要做一个衡量。值不值得修双学位、修什么专业一定要慎重决策。

因此，我们在树立高远的目标的同时，必须铭记"千里之行，始于足下"。仅仅有远大的目标是不够的，雷霆万钧敌不过瞬息爆发的一道闪电。只要一心一意向着一个目标稳步前行，百折不挠，就一定不会失败。这就好比用玻璃聚集起太阳的光束，即使在最寒冷的冬天，也可以燃起火来。

我们中有很多人就是这样的智者，目标明确，朝着一个方向好好努力，最终在求职方面取得了成功。

耿扬垒是华北电力大学材料科学与工程专业08级本科毕业生，在去年12月份的时候签了南京某钢铁公司，月薪三四千元。"在同学当中他是最早签约的一个，薪酬也比其他同学都高一些，然而他的成绩在我们班只是一个中等水平。"耿扬垒为就业做准备可以说是非常早的了，在大二大三的时候他就在外面做了不少兼职，了解到用人单位需要什么样的人才。刚上大四就开始密切的关注工作信息，投了很多简历，也参加了很多面试。他是一个就业意识超前、目标明确、行动力很强的学生，他在低年级的时候就已经有以就业为目的的意识，刻意加强自己能力的锻炼和实践经验的积累，为毕业后的成功就业打下了良好的基础。未雨绸缪，提早了解社会、了解企业、明确职业目标、积累能力资本是提升就业竞争力的制胜法宝。

人生的道路永远都是美好的，你的梦想也都是最真的，也许所有的梦想在现实生活中经不起现实的磨砺，也许所有的期待都会像泡沫一样在现实中破裂，你也许会失去对生活的勇气，也许不甘心在平平淡淡中生活。但如果你有了生活的勇气，那你就会知道，平淡和贫穷并不可怕，可怕的是丧失了对生活的勇气和信心。

所以，不要觉得毕业还早就不为自己的前途早做打算。因为美好的大学生活不会永远持续下去。不要因为社会太险恶就采取逃避的态度，因为总有一天你需要去面对。早做准备，多积累经验，对于你来说总是好的。小鸟总要飞出大鸟的羽翼，去参与风浪的搏击，最终练就一双强壮的翅膀，你也一样。

9. 以为有张文凭就安枕无忧了

文凭不过是一张纸，只能说你之前是个成绩好、爱学习的"乖孩子"。到了工作单位，没人会天天让你把文凭拿出来瞧瞧。所以，拿到了文凭，只是简历里添了稍微"好看"的一笔而已，到了闯社会的时候，真刀真枪，可不能拿文凭当挡箭牌，最重要还是要看你的能力与性格。

过去人们找工作会一锤定终身，拿了文凭就进了对口的工作单位，而现在，换好几个职业并不算什么。与此相对应的是，我们也应该为终身做打算。而且现在，人们常常说"文凭越来越不值钱了"，到了单位，任你文凭再高，也需要从小事做起，努力奋斗，一步一步往上爬。因此，即使你已接受了专科或本科教育，但还不算终结，应该在终身教育和职业的变迁中不断寻求升学和职业的最佳结合点。所以，不要再躺在文凭上睡大觉了，醒过来，去"社会大学"里，再挣一张最有用的文凭吧！看看下面这个"书呆子"的遭遇，年轻的人们都应该有所借鉴哦！

小万是从县城考到市里来的大学生，除了苦读书，什么也不会。既然有会读书这个长处，当然要把它发挥到淋漓尽致，可惜小万学的是资源环境专业，中听不中用，到了大三他就发现，如果没有很铁的"关系"，是找不到好单位的。

小万决定另辟蹊径，跟命运来一次"抗争"。他决定去考证，考什么呢？他几番打听，得知司法考试不好考，每年的通过率仅百分之十几，而且律师事务所人才缺口很大，一个普通律师一年挣上十几万很正常。他想，如果我努力一下把律师证弄到手，一定能在大城市里混出个样子来。

就这样，小万开始了备考，并将专业课让位给了他的备考，想到有这么好的前景，他觉得自己的选择是正确的。

两年苦读，他终于全部通过了考试，拿到全科合格的证书时，小万刚刚大学毕业，他知道自己不可能进司法机关，就只有进律师事务所这一条路了。

找了好一阵门路，他终于进了一家律师事务所当实习生。进所的时候，带他的老师还感慨地对他说，好多干了一辈子律师的老家伙都考不过，空有一身经验，却上不了岗，倒是你们这种外行，就是能考，他们想起心里都不服啊。小万心想，那我可得好好干，别让那些人挑毛病。

但是理想总归只是理想，没进所几天小万就感觉不对劲了。实习生没有收入，只能跟着老师跑腿，干得好老师可以适当给你一些补助，要是老师对你不好，那就一点钱也没有，还要倒贴路费、手机费。小万因为只懂得死读书，笨嘴笨舌，人际关系一窍不通，更不会察言观色，颇不受欢迎，自己又没有任何接案的门路，跟着老师也分不到一杯羹。他思谋一下出路，竟是无比的茫然。小万这才发现，当一个律师要的不只是专业，没有实际经验，很多条条框框永远都只是书本上的死东西，无法让他成为好律师。

小万的万念俱灰在好不容易接到一个小刑事案件后终于稍有起色。本来情况对他的当事人这方很有利，小万当然是铆足了劲想挣个口碑，刑事案本来没什么钱赚，这他都认了，谁料对方律师是个40多岁的老同行，庭前碰头时他看到人家滔滔不绝，心里就有点怵，当事人也被那阵势吓倒了，私下一个劲儿地问小万行不行。小万当时还硬挺着，却发现自己心虚得厉害。一场庭审下来，对方又是合理的解释，又是适当的地方法规，一看就是经验丰富的律师。可小万除了反反复复重复书上的条例，其他的都不懂，明明理由充分，却辩不赢对方，就这样莫名其妙地输了官司，还被当事人大骂了一顿。小万十分伤心，才发现自己真的是捧着金饭碗在讨饭，通过了司法考试，结果却什么成绩也没有。

小万这才发现，就是拥有含金量大的证书，不懂这一行的入行要求和条件，也是很难胜任的。

也许你会说，小万不能胜任完全是因为他的文凭还不够高，我只要一直埋头读书，挣个硕士或是博士文凭，还有单位敢不要我吗？其实你要知道，如今文凭真的没有那么重要了。能力和热情才是毕业生求职成功的法宝，这一点可以从用人单位的观念中得到印证：在很多企业的人事部负责人看来，不能简单地从工作经验去判断一个人的能力，工作经验是过去的东西，而能力则是不断向前发展的。能力可以靠成长和磨练不断提高，热情则是工作的永动力。学历只是外在的东西，人才素质应包括知识、经验、能力三方面，而在这三方面，企业最看重的是能力，其次才是经验和知识。

的确，现在企业用人日趋理性化。高学历、多证书已经不是求职唯一的敲门砖了。在追求利益最大化的企业看来,人才的技能更甚于学历。"关键得看他的能力"挂在了越来越多企业人力资源部经理的嘴上。

复合型人才广受欢迎也体现了企业对人才能力的要求。据全国人才市场供求信息表明:市场营销、计算机、机械等专业一直都名列需求"排行榜"前茅。对于市场营销等类的岗位来说,门槛并不是很高,一般大学专科以上学历即可。但某些外企或者规模较大公司的起点较高,要求大学本科以上学历,英语熟练。相当一些市场营销类岗位对计算机应用能力有一定要求,除了能熟练操作办公软件,还要熟悉图表制作和一些网络软件。

此外,很多市场营销和管理岗位需要的不仅仅是一个部门经理,还需要熟悉销售、公关、广告,甚至有时还要担当起一部分客户经理的职责。可见,如何努力把自己打造成"复合型人才"也是求职成功的另一"秘籍"。

如果你还是认为高学历就一定代表着高能力,那么就请看看下面我们的一位博士"恍然大悟"的经历吧。

有一个博士被分到一家研究所,是该所学历最高的人。有一天他到单位后面的小池塘去钓鱼,正好,正副所长在他一左一右,也在钓鱼。他只是微微点了点头,心想这两个本科生,有啥好聊的呢。不一会儿,正所长放下钓鱼竿,伸伸懒腰,蹭、蹭、蹭从水面上健步如飞地走到对面去上厕所。博士眼睛瞪得都快掉出来了,水上"飘"?不会吧?这可是一个池塘啊。正所长上完厕所回来的时候,同样也是蹭、蹭、蹭地从水上飘回来了。怎么回事?博士生又不好意思问,自己是博士生啊!过一阵,副所长也站起来,走几步,蹭、蹭、蹭地"飘"过水面上厕所。这下子博士生更是差点昏倒:不会吧,到了一个江湖高手集中的地方?这时博士生也内急了。这个池塘两边都有围墙,要到对面厕所得绕10分钟的路,而回单位上又太远,怎么办?博士生不愿去问两位所长,憋了半天以后,也起身往水里跨:我就不信本科生能过的水面,我博士生不能过。只听"咚"的一声,博士生栽到了水里。两位所长将他拉起来,问他为什么要下水,他问:"为什么你们可以走过去?"两位所长相视一笑:"这池塘里有两排木桩子,由于这两天下雨,木桩正好没在水面下。"

这则故事虽然和求职没什么必然联系,但是从侧面说明了文凭不能当饭吃,至少,它不能方便的送你去上厕所哦。

俗话说,人无我有,人有我优,人有我特。这句话对我们来说,也是适合的。尤其是现在,硕士研究生大量扩招,如果我们的思维仍然停留在过去的理念里，如果仅仅拿着一张硕士文凭去面对竞争激烈的就业市场，我们还有优势吗？没有。因此我们需要练就一些特殊的本领，这些本领会帮助我们在竞争激烈的就业市场获得竞争机会，是什么本领呢？就是我们的综合素质，我们和其他研究生相比所独有的东西。通过近年来的求职现象，我们已经隐隐约约地感觉到，用人单位看到的不仅仅是硕士文凭，而是硕士文凭背后的东西，就是你的真本事，有些单位尽管也需要硕士研究生，但并不是看到你是硕士研究生就和你签约，而是先让你试用一段时间，等考察合格后再正式签约。我们有多少人敢于面对这种考察，敢于面对用人单位的真刀实枪的考核呢，当你和本科生相比如果仅仅是多了一张硕士文凭的时候，你敢于面对这样严酷的竞争环境吗？

因此，我们要预测到的是，越来越多的单位正在采用考核的方法来录用人才；而我们需要做的是，在将来的某一天，能够有足够的信心和胆识去面对这种竞争和挑战。

10. 没有高学历，却不能否认能力

不善于读书？没有高学历？自己学习还可以，可是遇到了比自己更"牛"的硕士和博士？别担心，学历只能说明在学校的表现，可是到了真刀真枪的社会中，拼得是能力。你学历低，可是也意味着没有那么多条条框框的束缚，只要走出自卑的心理，发挥自己的潜能，一定可以闯出同样灿烂的一片天空！

如今社会上对一些用人单位流传着一种说法，即：对博士生"敞着门"，对硕士生"开着门"，对本科生"留一扇门"，对专科生"紧闭着门"，对中专以下的，怎么敲也"不开门"。这种说法也许有些夸张，但仔细想来却又是真实写照。

用人单位的择人观是否正确先不说，如果我们走出习惯的思维定式，客观科学地分析就会发现，低学历也是能成才的。对暂时没向我们开的门，低学历者也不必自卑而一蹶不振，因为学历≠能力，要相信，凭着自己的实力，没有敲不开的门。而且，如今的用人单位越来越理性了，关键看的是你的能力，学历究竟重不重要，自古以来就已经有了定论。

古今中外低学历成才的人很多，我国西汉有一位叫匡衡的人，小时酷爱读书，家贫就借书看，没钱买蜡烛，就把墙壁凿一小洞，晚上借隔壁透过来的一丝光亮读书。后来官拜丞相，成为著名的经学家和政治家。"凿壁偷光"的故事就是从他这来的。毛泽东只有中专文凭，然而他具有的知识水平、文化造诣、渊博学识、深刻见地、伟大思想使他成为伟大的政治家、军事家、哲学家、思想家和诗人，他的中专文凭显然不能和他的学识水平以及他超人的才能划等号。那么他是怎样达到如此高峰的？他靠得是勤奋刻苦地自学，如饥似渴地汲取前人积累的知识财富和思想宝藏。他少年时在湖南省图书馆，一坐就是一整天。从酷暑到严冬，日复一日，发愤攻读。毛泽东曾深情地回忆这段时光："一生中收获最大的时期就是在湖南图书馆自学的半年"。他还说："第一师范是一个好学校，替我打好了文化基础。"尽管毛泽东就读的师范是一所中专学校，但他却非常重视在那里打下的基础，正是在这个"基础"之上，毛

泽东又不断地学习，不断地思考，不断地实践，不断地奋进，凭自己的实力成为一代伟人。恩格斯中学没有毕业，他从17岁到50岁这最宝贵的青壮年时期，大部分时间都在商行里度过。但是，恩格斯勤奋好学，锲而不舍，在自学的艰难曲折的道路上一步步涉足了人类知识的各个领域，马克思称赞他是"一部真正的百科全书"。

中国的大画家齐白石也没有进过学堂；中国现代思想家、现代新儒家的早期代表人物之一梁漱溟，高中毕业考不上北大，却被当时的北大校长蔡元培请来当了教授；大文豪沈从文只上过小学，却被胡适慧眼请为中国公学任教；中国一代画师李可染以初中学历报考国立艺术院，被当任校长林风眠破格录取为研究生；初中学历的大数学家华罗庚，被清华大学请为教员，后为西南联合大学、苏联伊利诺伊大学教授；书法家启功中学辍学，任辅仁大学助教、副教授，等等。

退学女孩王小平认为：学习，应当是个性化的，根据自己的目标、自己的需要来确定学什么、怎么学。只有最适合自己的路，才是最好的路。上高一时，她在全班成绩第一的情况下，选择了退学回家进行研究和写作，在研究和写作中进行创造性学习。15岁，她成为了中国未来教育研究会大成教育研究中心特约研究员；17岁应邀在全国教育学术研讨会上给专家学者作报告；18岁在高校开办"大成教育系列讲座"；19岁与人合著《大成奥秘——超越美国成功学》，被业界人士认为是"一部具有中国特色的成功学巨著"；20岁独著《本领恐慌》，引起全社会极大反响，被高校聘为客座教授，被多家学术机构聘为特约研究员；21岁，又写出了挑战世界未来学大师托夫勒，策划人类未来的奇书——《第二次宣言》。而她，却只具有初中文凭。

古今中外没有学历或低学历的人才比比皆是，他们成才的经历也是大体相同——勤奋与坚持不懈。"不是一番寒彻骨，怎得梅花扑鼻香"告诉了我们勤奋努力的重要。大凡有成就的伟人，并不是天生就伟大，在他们成功的背后，都凝结着一般常人难以想象的艰苦和辛勤汗水的付出。

高尔基没上过一天学，也没有任何学历，可他却成为了苏联文学的创始人。出身学徒的瑞典化学家舍勒无力上学，14岁时，到一家药房当学徒时爱上了化学，在不到3年的时间里，他读完了歌德堡图书馆所有的化学书籍，以全优成绩考得药剂师证书，后以绝对多数票当选为瑞典皇家科学院院士。美国的自行车修理匠莱特兄弟没有文凭、职称，却发明了世界上第一架飞机；顶顶有名的世界首富比尔·盖茨，大学二年级没读完，却成为IT业的世界级领军人物、世界首富；只有高中肄业学历的美国作家福克纳，为诺贝尔文学奖得主；韩国总统卢武铉只是高中学历，等等。

低学历只能说明我们在学校的学习经历短，不能表明我们的才能不如别人，倘若我们能够坚持不懈、刻苦努力的为一个目标学习、钻研，水滴石穿，还怕我们的能力叩不开事业的大门吗？

学历不是决定性因素，能力才是最关键的。这个道理，大学生们不会不懂，但是他们有时不得不做出这样无奈的选择——有些低学历的学生说，你不要这样说我们一味追求学历，用人单位的用人标准就是如此，学历是进入他们公司必须跨越的门槛，我们现在毕竟身在水深火热之中，我们的学历确实比较低；有人说本科都很低了，那么我们专科更低，专科学生不追求学历，还能干什么呢？这是没有看到专科生"比较优势"的必然结果。

低学历学生相对于高学历学生，有"比较优势"吗？现在的社会，越来越强调人才的能力。能力是用人单位择才至关重要的因素，学历再高，能力不强，照样被用人单位所唾弃；你拥有的能力很高，学历不高，用人单位照样可以录用你。在这样的前提下，我们才能来分析低学历者的比较优势。具体表现在四方面：一是实用技能，二是用人成本，三是期望值，四是稳定性。

在实用技能方面，毫无疑问，低学历的高职高专学生要胜人一筹。当然，有人指责当前的用人单位，不重视对员工的培训投入，希望所有人才一进公司就能"上手"，这导致了关注学生技能的倾向，大学本应该塑造学生的基本素质和能力，上岗的职业培训，是社会机构或者用人单位做的事。从一些高学历的学生，包括研究生，博士生，在毕业前跑去学习灰领的培训班就可以看到，如果关注实用技能的培养，低学历者可以受到要求学生实用技术的用人单位的欢迎。另一方面，读书"甚多"的高学历学生，有一些有很强的书呆子气，他们可能适合于从事教学、科研，但到一些公司里去，动手实践能力将明显弱于低学历学生。

在用人成本方面，很显然，低学历者相对于高学历者有着优势。我们可以看到，一般情况下，低学历的人在用人单位里起薪更低。按照我国的工资制度，用人单位是根据学历高低给予不同的起薪的，研究生是一个起薪，本科生是一个起薪，专科生是一个起新。起薪低，也就意味着用人成本相对低。一个500强企业的人力资源总监，是这样看待低学历和高学历者的：如果两个应聘者按公司的测评体系测评下来，分数是相同的，也就是说综合能力、素质相差无几，公司宁愿要低学历的学生，而不愿意要高学历的学生。有两个原因：第一个原因是低学历的用人成本低；第二个原因是如果高学历的学生还没有低学历的学生那么优秀，就证明他的学习能力，或者他在大学的付出没有低学历学生的学习能力强，没有低学历学生付出的多。所以公司更看重低学历的学生。当然，前提是两个人的能力、素质差不多，而低学历的用人成本低，这样，用人单位就觉得用低学历的人更合算——公司也是要衡量自己的投入和产出的。第三是期望值，低学历人才，对自己未来的期望更加务实，不像有的高学历者那般好高骛远——他们总想着一年之后自己要到什么工作岗位，两年之后要发展到什么程度，三年之后又如何……有这样的规划，表明他们有强烈的成功的渴望，但脱离现实会让他们眼高手低，高不成，低不就。高学历者，往往会作出偏离实际的评估，对自己有更高的期望，不满足用人单位给自己提供的工作岗位。与之对应，低学历者在这一方面，要求就少一些，定位就务实的多，他们往往能勤恳地干好用人单位交办的不起眼的工作，又没有多少怨言，也很少动辄就产生另攀高枝的念头。这样一种合适的期望，显然更加适合用人单位的发展需要。这也是低学历人才具备的优势之一。

与期望值对应的是稳定性。对未来期望值高的人才，往往稳定性不强，而如果期望值不是特别高，不那么挑三拣四，就将具有比较强的稳定性。每一个人才都是用人单位的合作伙伴，他当然不希望在对你进行培训投入，在你适应单位文化氛围之后，你却将他抛弃。高学历者能力强，能动性大，但却不太稳定，有一些高学历者没有与用人单位一道同甘共苦创事业的精神。如果低学历者在这方面能展现出与用人单位风雨同舟的精神，那么，用人单位无疑会欢迎低学历者。

以上四方面优势，就是低学历的朋友们应该注意培养、注意打造的。总体来说，你的稳定性，你的期望值，你的用人成本，都相对高学历者处于优势，但关键在于你要有让用人单位看中的实用技能。没有实用技能，你的用人成本、稳定性、期望值都无从谈起。能力是基础，有了过硬的本领，用人单位才会有期望值、稳定性、用人成本的考虑。

11. 别想一下子当经理，工作要慢慢来

也许你是一个从小就很优秀，在学校很受重视的人。你自尊心太强，刚踏入工作岗位，自然不甘心从最底层做起。如果真的有这种想法，你就要好好收敛一下了。刚入职的你，对谁来说都是最底层的人，因为你需要一个经验积累的过程。别老是看着高高的位子了，埋头干，好好想，也许不经意间，你就离经理很近了。

是的，我知道你从小到大都是高材生，从幼儿园到大学都一直是班长，甚至是学生会主席，谁都众星捧月般夸赞你，每个同学都听从你的领导。理所当然的，优秀的你就会觉得，自己这样的优秀进入工作单位也不会改变。结果单位却让你从最底层做起，你要听从别人的指挥。这还了得！我可是精英人才！你的郁闷、低落和忿忿我可以理解，但是，请听我好好的对你说明一个道理。

对于刚出校门的求职者来说，高薪高职高不可攀。万丈高楼平地起，无论做什么，要想取得成功，那就是脚踏实地做事，打好基础。一步一个脚印，便不会轻易跌落，是金子无论到哪儿总会有发光发亮的时候。

从近几年的求职状况看，大部分求职者的求职目标已经转向了基层，不再像以前只追求那些有名气的大公司或经济效益好、收入高的大企业了。

在基层培养自己的能力、磨练自己的意志，钢铁就是这样炼成的。

一名服装学院的高才生毕业后进入一家颇为著名的服装企业。她从缝纫工做起，打样、检验……摸爬滚打几年，如今，这名昔日只有满腹书本理论知识的大学生已经成为一名对企业生产的每一道工序都拿得起、放得下的服装设计师。

无独有偶，有一家汽车制造公司招聘员工，某名牌大学汽车制造专业毕业生纷纷前往应聘，结果，只有一名学生马到成功，当场签约，其他人都失败而归。原因是别人去应聘"员"，而他去应聘"工"，自愿到生产第一线——车间工作。

智者从不忌讳做一些小事情，恰恰相反，他们更乐意做一些小事情。因为

他们知道，成功就是从小事开始的，志当存高远。一个人要成就一番大的事业，必须要有鸿鹄之志。这样，才可以飞得更高、更远。但是一定要知道，在飞天之前必须要打好飞翔的基础。我们只有在平时注意积累，才可以在以后的日子里飞得稳健。而在这些平凡的日子里，一定要学会等待。

神州数码公司的 CEO 郭为就是我们学习的榜样。郭为当初进联想时，是该集团第一个有工商管理硕士学位的员工，但他的第一份工作却是给领导开车门、拎皮箱。他不抱怨，从小事做起，一步一个台阶走上去，最后成为联想集团的高层领导。所以，我们要从小事做起，认真地做好每一件事。道理很简单，机遇总是突然地、不知不觉地出现，有时你甚至一辈子也不知道哪个是机遇。刚入职时的你，应主动承担打扫卫生、整理办公室、打开水等具体琐事，别小看这些琐事，往往就是这类看似不起眼的小事成就了你的成功。再说得现实一点，很多大企业是不会把你的高学历或是成绩放在眼里的，看看很多人梦寐以求的酒店工作，就知道现实是怎么一回事了。

锦江大酒店要求所用从业人员均从底层做起。高校本科生、研究生到酒店实习和工作时，酒店都要求他们从最基本的铺床、叠被、刷马桶做起，可是很多学生都不乐意。在他们眼中，酒店工作就意味着穿着西装，坐在空调办公室里，过着高雅惬意的白领生活。酒店负责人解释说，"这种看法是错误的。酒店的专业经营管理人才，主要是指在现代酒店里担任高级管理职务的专业人才，不仅需要较高的职业素养，还需要扎实的实务操作能力和从底层做起的毅力。应届生进来，如果肯吃苦，悟性强，就有很大的发展空间。"

锦江国际要求管理人员既要熟悉市场动态，把握发展趋势，又要精通业务，懂经营管理，善于营造一个"宾至如归"的氛围。锦江国际酒店的副总裁洪江海说，"有些国内酒店管理人员是半路出家的，缺少必要的专业培训，在服务人性化、操作标准化、管理精细化等方面明显不足。酒店业是实务性、操作性比较强的服务性行业，服务对象来自全球各地，这就要求从业人员须有较高的语言能力、沟通能力和文化素养，更重要的是要有服务意识。服务是酒店生存的根本，国外有些高星级酒店总经理会站在大堂为客人拉门、提行李，甚至还会去客房端茶送饭。"在他们看来，只要是有利于酒店的事，总经理就应该做。

不仅仅是酒店，现在的用人单位，几乎都很看重实践和动手能力，所以，要想最终成为大家都服气的经理，你必须要踏踏实实地从最基本的事情训练起。

最近的一项调查显示，对于"如果在毕业后暂时没有找到自己理想的工作，你会怎么办"的问题，75％的学生表示愿意"从底层做起，逐渐向目标奋斗"；大约20％的学生表示"参加短期的职业技能培训然后再找"。由此可见，绝大部分的大学毕业生已经逐渐调整自己的就业心态，能够从底层做起，脚踏实地。那么，你是不是也应该放下高傲的心，开始行动了呢？

12. 刚毕业就想拿高薪，你真是人才吗

你也许并不想当经理，却对自己的薪水不满，总觉得自己应该得到再多一点。可是，看看周围的老前辈，哪一个会对公司薪水的发放说三道四的？收点心吧，相信事实的公平与多劳多得这个道理。不要让别人觉得初出茅庐的你是个"守财奴"哦，不然你恐怕连这么点工资都没得拿了。

有很多刚毕业的大学生都有一个不太切合实际的想法，一上来就想拿高薪水，但实际上这种梦想成真的例子少之又少。究其原因有二：一方面刚毕业的学生工作经验不足，学校里学的和工作所需的知识对接不完善；另一方面，任何事情都得有个发展的过程，如果你一上来就拿很高的工资，别人怎么看？你的本事真的很大吗，你真的是人才吗？

在职能类型中，企业最缺销售人才，需求量达 3 万个，尤以批发零售、保险、生物制药和房地产行业最缺。但大学生们往往认为销售工作不体面，要看人脸色，而且刚毕业也没有社会关系和销售渠道。从行业看，毕业生愿意投身的前 5 大行业依次为通讯电信、金融证券、计算机、互联网和贸易。但市场需求最大的 5 个行业为计算机、电子技术、快速消费品、生物制药和房地产，电信业、金融业的人才需求量只位列第 13 位和第 29 位。

其实很多毕业生，甚至是一些工作了几十年的老员工，没有一个人会认为自己拿的钱是适合自身的。老板和员工永远都是一个矛盾体，这也是一个没有办法调节的矛盾。老板想，你们最好都是为我免费打工；员工想，公司赚回来的钱最好都进我的口袋。作为员工，老板要怎么做你没有办法去改变，因为老板的企业是为自己开的，不是为你一名普通的、毫无干系的员工开的。同时你也要清楚地衡量衡量自己。你觉得你一个月的工资太少了，想让老板给你加薪。很正常，一点问题都没有。但是我真的建议你，在和老板谈工资前先想好，你凭什么拿你心里底线的工资水准？你入职的这段时间都给公司带来了什么价值，又带来多少增值？你要拿什么条件来让公司给你加薪？你觉得你最为自豪的资本是什么，拿你这个最高资本去和你想要的工资水准对比一下，你觉

得哪个高哪个低呢？如果这些问题没有考虑好，我真的建议你别自找没趣了，千万不要老是拿"你不给我加薪，我就离职"这样的条件要挟公司就范。你越是这样，公司会越看轻你，即使公司真的给你了你想要的工资，你觉得你接下来的日子还会好过吗？你是想多拿点钱还是想呆在一个轻松愉快的工作环境里面工作？考虑事情要全盘考虑，不能像老鼠一样。如果你觉得现有工资配不上你的水准，甚至你在这里已经没有什么发展提升的空间，那我建议你可以走了，去找一个薪资更高，发展前景更好的企业。当你没有强烈体会到你现有工资低于你应得收入的时候，我想即使你离开了这家公司，你到另外一家也同样会出现相同的矛盾，因为问题不在公司，而在于你个人的想法。一个眼里只有工资的人是不可能赚到更多的钱的。

有一位老员工常常这样想：我给老板打了一辈子工，没有功劳也有苦劳，可是一个新人拿的钱都比我多，真的太不公平了。如果我是老板，那我会通过一定的方式让该员工知道他为什么只能拿那么多钱，而一个新人却可以拿的比他还多。理由很简单：因为你在我这里干了一辈子完全没有进步，还是停留在原地，还在原地踏步，如果我的企业也和这一样，那我的企业不是一点发展都没有吗？那我这些年靠什么维持？我靠什么给你们发工资？这位老员工严重阻碍了企业的发展，拖累了企业前进的步伐，公司要是狠心一点，早就让他卷铺盖走人了。下面是一个求职专家讲的故事，看看是不是有你的影子呢？

有一个毕业生即将毕业，在一次招聘会上，当用人单位问该毕业生：你工资的底线在什么位置（你想拿多少钱一个月/年）？该毕业生想也不想就直接回答："我想要6 000/月。"可爱的同学，你想过没有，你就像是一个刚刚出生的婴儿一样，什么东西都没有，就会哭，可是哭有用吗？有人会说：当然有用，婴儿哭了妈妈就会喂奶给他吃。可是你想过没有，为什么妈妈会给你喂奶？那是因为母爱。你以为企业会像母亲一样对待你这个"婴儿"吗？社会是现实的，不要一张嘴就要人家给你奶喝。

之所以会出现上述那些问题，都是因为没有看清自己，要看清一个人很容易，但是想要看清自己真的很难很难。要想赚大钱你必须一步一步慢慢来，按部就班地执行。所以，刚毕业的朋友们，出了校园你真正要规划的是你未来的人生方向，你未来的职业生涯，所以建议大家，刚出校园时不要对钱计较太多，只要能养活自己就够了，你真正急需的是你的社会经历和学习全新的职场知识，学好了这二者，你将来想去哪里就去哪里，你想要多少薪水都没有人会觉得你狮子大开口，为什么？因为人家总觉得你有本事，你值这个钱。所以，眼光要放远点，不能鼠目寸光啊。想挣高薪？就向着那一天的到来而努力再努力。

13. 瞧不上小城市，只愿呆在大城市

毫无疑问，在大城市就业有很多优势，大多数人毕业后仍倾向于在大城市就业。但是，你有没有想过，在大城市，你可能要跟千军万马一起过独木桥；在小城市，你有可能就是沙堆中的金子，一下子就闪光了。更何况，小城市的生活成本较低，幸福感和成就感很容易获得。人生处处是机会，不要因为自己眼光太高，就把唾手可得的美好生活给掩埋了。

"大城市就业的机会虽然很多，但是竞争压力太大，可能奋斗20年也买不到一套属于自己的房子，回家乡的话，一个不发达的小城市，或许几年之内就可以买到一套房子，但是没有多少发展的前景。"这是一个正在面临工作去向问题的年轻人的心声。毕业了，在哪里工作？这是每个大学生毕业时面临选择的，也是考虑最多的问题。

毫无疑问，在大城市就业有很多优势。首先，就业机会多。大城市基础设施配套齐全，聚集了大量的企事业单位，有大量的岗位需求，为大学生就业提供了更多选择的机会。其次，知识更新快，学习机会多。大城市走在社会发展的前沿，最新接触先进的技术和知识，能够紧跟时代发展的步伐，可以让人学到更多的知识。第三，大城市拥有较高的创业率，创业空间广阔。

但是，看看小城市的优势，再来下定论吧。首先，在小城市奋斗容易实现自身价值。随着国家宏观经济的调整和中部崛起，西部大开发战略的实施，农村城市化和中小城市的现代化明显加快，在这个过程中，人才严重缺乏，这就需要大量高素质的人才加入。很多岗位虚席以待，这让很多刚毕业的大学生上岗就可以争取到施展自己聪明才智的空间，获得个人成长和发展、实现自身价值的平台。其次，个人上升的空间较大。大学生到中小城市，由于人才比较缺乏，领导对其比较重视，可能在很短的时间内让你担当重任，独当一面，事业成功的几率较大。同时，生活成本较低，生活质量较高，自己也可以得到全面锻炼。由于小城市一般企业和单位比较小，综合性较强，对人的综合能力要求比较高，事事都得自己亲自动手，这样可以锻炼你的综合素质和综合能力，成

为一个多能的复合型人才。

总的说来，大城市有大城市的优势，小城市有小城市的好处，关键要看哪里最适合自己发展。对于竞争意识强，喜欢挑战的人来说，像北京、上海这样的大城市更适合他们，快节奏的生活步调会令他们感到充实。如果你追求稳定、安逸，喜欢简单宁静的生活，那么小城市不失为一个很好的选择。

选择大城市就业，发展机会多，发展空间大。的确，许多企业将总部设在北京、上海等大城市，可以借助其城市的总体竞争力提升企业名气与综合能力。比如北京，从金融类的工农中建总办，到 IT 类的微软百度总部，从文艺基地中央电视台到教育基地清华与北大，北京这座城市给了人们一种"霸主"的感觉。中国 111 强企业的总部分布在全国的 13 个省、自治区与直辖市，其中设在北京的就多达 11 家。毕业后落脚北京，不仅将自我置于一个很高的起点，而且方便日后的就近跳槽。同时，大城市的企业往往提供有竞争力的薪资水平与福利待遇，这是毕业生们最关心的，也是最实在的问题。所以，这是很多毕业生将大城市作为走向社会的第一步的重要原因，即所谓的"机会多、空间大、薪酬高"。

但是，当今社会已经不是"单枪匹马闯天下"的社会了，没有一定的人脉是吃不开的。毕业只身挺进大城市，意味着一切都是零，意味着一切都要靠自我，没有亲人，没有朋友，许多事情你一辈子也弄不明白的。中国自古以来就盛行"有事找关系"的习俗，在利欲熏心的今天，这一现象更是愈演愈烈。没有自我的人际互联网，碰到事情的时候，即便有钱也无处使，这是很现实的问题。

所以，在择业时，大城市不一定就好，小城市也不一定就不好，"好"城市，应该是适合自我的城市。

大城市有几大特点：建筑物高、马路宽、人多、住宅多、车多。这几个在现代人生活中占据举足轻重地位的问题皆为"大城市化"的特点。许多人选择在大城市就业，很大一部分原因是因为这些城市的"生活"吸引他们。吃，可以吃遍全国各地云集来的特色美食；穿，可以依据大都市的前卫风向标选择时下最流行的"潮货"；住，可以住奢华、高品位的高层住宅；行，可以买到国内最新上市的汽车。他们追求品位，追求一种高档次的生活。然而，我们仔细想想，年轻人羡慕的这种生活离他们中的大多数人有多么远？大城市的房价日趋攀升，大城市的消费水平远高于小城市，吃、穿、住、行，是多少人最先要解决而又悬而未决的问题，又有多少人因为为了在大城市有个"窝"而过早地成为房奴？堵车，这种令人烦躁的现象每天要叨扰多少上班族？由此引起的费车费油问题又有多么严重？倘若你有高薪水与高福利，你也许可以为生活少操点儿心，但是所有人都会有高收入水平吗？明明"活不起"还要硬撑，其背后不是虚荣心在作怪还是什么？也许你说这是奋斗的必经阶段，但是你有多大把握能奋斗出来呢？风险又有多大呢？也许有一天，你会被整座城市带快节奏，快得手忙脚乱，快得一塌糊涂，快得丧失了信心，也丧失了斗志。以上这些恐怕不是注重生活质量的表现吧！看看下面一些人的自述，你也许会对自己的选择重新做一个考量。

李女士：风光秀美的江南小城、200平方米的大房子、上下班十多分钟的车程、时不时可以去父母家蹭饭……前不久的同学聚会上，老同学描述的生活状态，让我艳羡不已。我不知道当年的选择是错是对，职场上激烈的竞争，每天花费三四个小时奔波几十公里去上班、为孩子上学支付的高额择校费，还有北京举国皆知的高房价。

钱先生：我为当初放弃大城市感到庆幸。和所有同龄人一样，我也有过大城市梦，想过北上去首都。毕业前夕，我在北京参加了几十场人山人海的招聘会无果，严峻的就业现实让我毅然放弃了首都梦。在老家县城，轻易地拿到了某公司的 offer。工作两年正式成为有房一族。现在 80 后不都讲究有房有车吗？我接下来的目标就是车子了。

刘同学："啃老族"是我最怕听到的称呼。毕业后，我也很努力地找工作，就是找不到。快奔三的人了还要靠父母养活，觉得自己很没用。父母都老了，可能会生病或者出其他事，我毕业了非但没能赚钱，还要靠他们养，想想真是难过，欠父母的太多了。

优优：我想我属于"蚁族"。我和女朋友倚在砖头搭建起的木板床上，在没有炉火的冬夜，希望有朝一日我们的生活春暖花开。可三年了，我们一直生活在这个城市的边缘，工作时有时无，每月 300 元房租，除了必不可少的自行车、手机、电脑三大件，所谓梦想，似乎只是一个遥远的传说。

Joly：从去年下半年开始找工作到现在，一直没有找到合适的。周日的时候去招聘会，看到招业务人员，600 元底薪。苦读寒窗 16 年，难道我的价值只有 600 元人民币？我不甘心。眼看着毕业一年多了，我成了名副其实的待业青年，城市虽大，我却找不到容身之所。

达摩：还记得去年去北京找同学玩时看到的情景：只有20多平方米的阴暗地下室里，密密麻麻挤了3张上下铺。加上柜子和6个人的行李，屋里几乎连下脚的地方都没有。相比之下，我的生活好多了，回老家，我还算得上是一枚金币吧，在大城市连一粒尘埃都不是！

在面临选择的时候，我们不妨先问问自己，到底需要什么样的生活。毕业生就业首先要考虑的不是自己工作的环境，而是工作的本身。看什么样的企业，什么样的单位适合自己，什么样的单位或企业可以给自己更好的发展机会。有些人适合在快节奏的大城市发展，有些人适合在中小城市发展。在选工作时，我们要进行理性公正地分析。

14. 热门行业不等于职业前景

看见很多人都去了大公司或者是热门行业，自己也不好意思去个很少人听说起的行业。不要再被"面子思想"耽误了。热门行业也是从冷门一下下发展起来的。越冷门，就越说明有职业前景；越冷门，就越表示你是"稀缺人才"，所以，按照自己的理想与爱好，踏踏实实，安安心心地走下去吧。

"我现在面临两个工作机会的选择，一个是生产开关插座的厂家，另一个是提供手机增值服务的企业，都是做市场工作。我倾向于去第一家企业，但我的很多同学都去了 IT、通信等行业，说是这类行业工资待遇高。我不知道该去哪里好？"这是一个求职大学生的困惑，恐怕也是很多 20 几岁年轻人的心声吧。

求职时，"趋热避冷"是很多求职者的思维定势。银行业、IT 业等热门行业往往意味着高收入、高福利和长远的发展，而农林牧渔业、传统制造业等行业却总给人收入低、工作枯燥的印象。因此在人才市场中，热门行业总是人满为患，冷门行业常常无人问津。

专业的职业顾问认为，择业不宜只盯着热门行业。首先，行业的冷与热是相对的，前几年互联网业曾红极一时，但互联网泡沫破灭时，下岗失业的人也不在少数。其次，热门行业中也有冷门职位，而冷门行业中也有热门职位，行业前景不等于职业前景。譬如，在 IT 行业，也有和计算机几乎没有必然联系的岗位，如行政管理、人力资源等；同样，在非 IT 行业，也需要大量 IT 人才进行系统的开发、设计和维护。

其实，懂得避开热门行业中的冷门职位，或善于发现冷门行业中有潜力的、成长性的职位，才是职场中的聪明人。

据某招聘网站最新数据显示，近期职场中排名靠前的热门行业有加工/制造业、信息技术/互联网、电子技术、生物/制药/保健、耐用消费品、咨询业、快速消费品、贸易、广告业和房地产业等，这些行业的应聘人数往往是职位数的倍数。在这些热门行业中，同样存在着热门职业和冷门职业。一般来说，与产业链发展直接相关的核心职位往往是热门的，个人发展空间很大；而从事外围性、事务性工作的，通常是冷门，发展空间有限。

而同时也有这么一个问题，那就是冷门行业也有热门职位。

农业科技人才：农业是不折不扣的传统行业，可现代农业已经不是传统意义上的"春播秋种"了。在一些现代农业园区，对技术人才的要求非常高，范围也相当广。据某招聘网站 5 月的职位信息显示，近期市场对农业科技人才的需求非常旺盛。需求主体不仅包括传统的农、畜、牧业，还有生物工程、海洋养殖耕作等新型企业，另外，农产品加工、农产品营销等专业人才也供不应求。

模具设计师：制造业也是老牌传统行业，其劳动强度大、工作环境不够舒适的行业特点，让不少人望而却步。但近年来，模具设计师已经成为人才市场中的新贵，高级模具设计师动辄月薪上万元。

专利代理人：知识产权业在人才市场中一直不温不火，专利代理人却是当之无愧的热门人才，一直处于高度紧缺的状态。尽管专利代理人考试通过率一向偏低，还不到10%，但2004年上海的专利代理人资格考试却吸引了近8 000人应试。

园艺工程师：园林绿化也属冷门行业。然而近年来，园艺工程师、景观设计师等"绿色人才"却一路走强，园艺工程师还数次入选某招聘网站的"职场10大人气职位"之列。

曾经的汽车行业也是冷门，可是，就有人坚持下来，把这个行业守"热"了。

陈斌自幼就喜欢汽车并愿意与人沟通，虽然报考湖南大学汽车专业前，自己不会开车，甚至很少有机会坐车，但就凭着自己看到汽车在路上行驶时的激动劲儿，就认定了这就是他可以为之奋斗一生的行业。

现在的汽车行业蒸蒸日上、如火如荼，但在 20 世纪90 年代以前却完全是另外一番景象。没有过多的私家车，汽车品牌也没有今天这么丰富，汽车行业完全是一个冷门行业。与现在许多人削尖了脑袋往汽车行业里钻形成鲜明对比的是，当时陈斌的许多汽车专业同学都纷纷转行，汽车行业达到了低谷期。

在这样的环境下，陈斌也不是没有动摇，一度也曾经怀疑自己真的选择了一个不会有好前景的冷门行业，也曾动过跳槽的念头。"几位同学也都给我打过电话，告诉我他们在转行后近况不错，劝我也尽早放弃，直到大学最好的一位同学给我打来电话,才使我真正地在心中进行了最后的斗争。"陈斌回想着当时的情景,"喂,陈斌啊,我已经转行做律师了,收入和前景都要比汽车行业好的多,你也得考虑考虑了,老在这个行业里是没有发展的,你大学时候不就喜欢文学吗,转到律师行业以你的基础会很有前途的。"说实话,是否继续从事汽车行业在当时只是一念之差,是在前途未卜的汽车行业继续坚守阵地,还是去做在当时更有前途的律师职位?最终,他还是说服自己留了下来,因为他只爱好汽车行业,愿意利用大部分业余时间去关心汽车行业的信息,来丰富自己的知识,兴趣使陈斌在这行业内奋斗得不知疲倦,如果他去了一个自己不喜欢的陌生行业,还能这么拼命吗?答案是否定的。最终,他以对汽车行业的忠心和热情等来了汽车行业的高潮期,同时他也积累了丰富的行业经验。

这无疑是一个很好的坚守岗位的例子。所以,我们在择业时,也要慎重考虑,不要头脑发热,轻易转行。看看下面求职专家们给出的几个择业关键时期:

1. **填报专业时**。职业规划从选择大学专业时就该开始。高考填报志愿时大多数人也以热门行业作为风向标,其实这样很危险。前些年金融行业火爆,报考金融专业的学生数量大增,学校也纷纷开设相关专业。结果没几年,金融专业的学生由于数量过多遭遇就业困难。现在,计算机专业的学生也面临着相似状况。相反,有些人报考了某些冷门专业,反而有意想不到的发展。譬如,心理学一向比较冷,而近几年心理咨询师、儿童顾问等相关职业却成了人才市场上的抢手货。

2. **选择职业时**。尽量选择有发展潜力的职业,不要拼命追逐那些已经炙手可热的职业。成长性强的职业应具备两个条件。其一,在市场上,与该职业相关的人才供不应求;其二,提供相关职位的企业,发展态势大多蒸蒸日上,在政策方面拥有不少利好消息。具备这两个条件的职业,势必需要大量从业人员,呈现出"求贤若渴"之势,很可能是下一个"热门"。

3. **加盟行业时**。选择行业时可做一番调查分析,包括社会热点职业的分布、自己所选择的行业在当前与未来社会中的地位、社会发展趋势对行业的影响等。再分析一下自己的人脉资源,包括在从事选定职业的过程中将同哪些人交往,这些人都属于哪些行业等等,最后根据实际情况选择有利于自己成长的行业。

此外,还要记住两个原则:

1. **无论从事什么职业，都要和兴趣爱好及个性特点相结合。**热门专业、职业、行业都可预测，但切不可因为追求热门而强迫自己从事不喜欢或不擅长的职业。

2. **无论从事什么职业，都要努力把它做好。**一份职业的前景如何，最大的决定因素并非是行业前景，而是自己有没有用心去做，能不能成为某一领域的专家。现代社会专业分工越来越精细，个人只要做好自己的工作，真正做到"人无我有、人有我精"，就一定会有所建树。

第三章
学着去适应鱼龙混杂的『潜规则』

请不要误会，这里的"潜规则"可不是要你出卖灵魂和尊严；而是在社会上的很多地方，会有一些别人不会告诉你，不会向你说得明明白白的事情。你必须要自己慢慢地去适应，去明白，尽管有的时候会愤怒，会不甘，可是，你一定要学会这些不成文的规定，只有这样，才能保持一个成功者该有的"气场"。

15. 去新地方不守规矩，不懂规则

所谓"世事洞明皆学问，人情练达即文章"，不同的地区，不同的城市，甚至是不同的公司，文化肯定也不一样。无论是说话做事还是人际交往，都有着不尽相同、甚至截然相反的游戏规则，所以对于要去一个新公司的你来说，一定要有心理准备，首先是要入乡随俗，个人必须服从那里的环境，而不能指望环境服从个人。其次，要胸怀坦荡一点，多一点公心，少一点私心，这样即使因为文化差异在工作中而碰了壁，心里也会好过一点。

小沈阳受邀到江苏卫视录节目，因为抖了一句包袱："呸，臭不要脸的"而和主持人赵丹军发生了矛盾，这一事件经过媒体报道引起广泛争论，不少网友留言认为，赵丹军不能接受小沈阳的"幽默"，是因为文化差异所致。在东北，一句"呸，臭不要脸的"可以引起观众"哄"地大笑，而在江苏，同样一句话却引来严重抗议。后来，虽然这个插曲得到解决，可是关于这件事的讨论却甚嚣尘上。而不少白领对小沈阳的遭遇竟也深表理解，他们说，如果不了解新环境的规矩，不仅在职场中白挨辛苦，而且产生的作用还可能是相反的。许多职场人士都有此同感：入乡随俗是任何时候都适用的。在大自然中，动物都会通过和环境一致的保护色来保护自己，"入乡随俗"就是新入一个单位或是环境的保护色。

很久以前，有两兄弟置办了许多货物，准备外出去做买卖。走着走着，他们到了一个国家，这里的人都不穿衣服，因而被称作裸人国。

弟弟说："这儿与我们家乡的风俗习惯完全不同，要想在这儿做好买卖可实在不容易啊！不过俗话说得好，'入乡随俗'，只要我们小心谨慎，按照他们的风俗习惯办事，不会有什么问题的。"

然而哥哥却不同意弟弟的看法，生气地说："无论到什么地方，礼义不可不讲，德行不可不求。难道我们要光着身子与他们往来贸易吗？这可太伤风败俗了！"

弟弟说："古人说得好，树正影不斜。虽然我们外在的形体服饰有所变

化，但只要行为正直，也是可以的。"

哥哥说："这样吧，你先去打探一下详情，然后派人告诉我。"于是弟弟先进入了裸人国。十多天后，弟弟派人告诉哥哥说，一定得按当地风俗习惯，不穿衣服，赤身裸体，才能办成事。

哥哥一听就火冒三丈，说："赤身裸体，像畜生一样不知羞耻，这难道是君子应该做的吗？我绝不会这样做。"

在裸人国里，每月初一、十五的晚上，大家都用麻油擦头，用白土在身上涂画各种图案，然后戴上各种装饰品，敲击着石头，男男女女手拉着手唱歌跳舞。

弟弟也学着他们的样子，与他们一起载歌载舞，十分愉快。裸人国中无论是国王，还是普通百姓都十分喜欢弟弟，他们的关系非常融洽。国王因此买下了他带去的全部货物，而且付给他十倍的价钱。

哥哥也坐着车子来做买卖。然而他满口仁义道德，指责裸人国的人这也不对，那也不好，引起国王及人民的愤怒，大家把他抓住狠狠揍了一顿，而且把他的全部财物都抢劫一空。若不是弟弟为他说情，恐怕连性命都难保。

兄弟二人准备动身回国时，裸人国的人都热情地跑来为弟弟送行，而对哥哥则骂不绝口。

其实故事里的裸人国就是新的单位，而哥哥就是那个不愿适应环境的新人，弟弟就是那个愿意委屈自己去适应环境的人。要是在现实生活当中，谁升职升得快，谁会永远呆在底层不得翻身，肯定一下子就见分晓了。

再举个现代一点的例子，假如你作为新人，刚进单位，同事就让请客，那么你会作何感想呢？乍一看，这一要求的确有些过分，让人有种被"宰"的感觉。不过，细想想请客也没有什么，这是人家的"老规矩"，每个新人进来都是如此，你又何必带头破坏人家的"老规矩"呢？再说，请客除了花点钱，好处还是很多的，作为新人，对单位不熟，对同事也不熟，通过请客正好可以帮助自己了解单位和熟悉同事，让自己很快地融入到新的团队中去。同时，也有利于自己在新单位站稳脚跟。

再比如，新到一个单位，也需要注意观察一下同事之间和不同层级的人们之间怎么称呼，有时候不妨问问老前辈。称呼得妥帖，不仅可以处理好与同事、上司之间的关系，而且可以为自己赢得不少印象分，为职场发展营造一个好的环境。称呼错了，对方哪怕面上不动声色，说不定心里也会暗自不爽。

说了这么多，还一直在苦恼不适应新单位环境的你，是不是明白一些了呢，入乡随俗，不是改变自己的立场和原则，而是学会成熟的和别人、和大环境相处。真实的生活中总有一些潜规则，无论你如何看待这些潜规则，也无论你是否相信和认可这些潜规则，它就是那样实实在在存在着，影响着每一个人。或许这些有些现实，但生活永远都是最真实的，你必须接受真实的生活，你也必须接受生活的真实面貌。而当你学会了接受生活的真实，你也才能懂得去适应，在适应的过程中成长，在成长中得到生活的奖赏。记住，生活永远都是适者生存！

16. 说话没有礼貌，让对方听得不开心

身为一个新人，初入职场，要经验没经验，要背景没背景，怎样才能站稳脚跟，获得别人的信任呢？第一要务就是要注意有礼貌、谦虚。现在有些年轻的朋友最大的缺点就是天不怕地不怕，不够谦虚，跟前辈说话不知道谦虚，人家可能嘴上不说，但是心里早就不舒服了。说话之前，你先要想清楚"我是谁"，然后要想清楚说什么话。谦虚谨慎，才能在职场中生存下去。

常言道："病从口入，祸从口出！"此话很有道理。而且是人们从实践之中得出的真言！人们还说道："口乖三分，路宽十分！"这话一点也不假。作为一个社会新人，初次进入到一个新的场合，给领导和员工留下的印象很重要。说话时给人们留下一个谦恭而有礼貌的好形象，对于一个初入职场的人来说，就是给自己今后"职场工作"的展开奠定了一个良好基础。

在人们愿意接纳你的基础上，你的"职场工作"就可以顺利的展开了；你如果连一个好印象都没有给人们留下，那必定会给你今后的"职场工作"带来一些不必要的麻烦。如果你讲话没有一个谦恭而有礼貌的态度，领导和其他员工也会"以其人之道还治其人之身"。这样对于一个初入新的工作场所的你来说，无形之中就人为地给自己设置了前进的"障碍"和"绊脚石"！也许很多初生牛犊不怕虎的年轻朋友，都能在下面的事例中找到自己的影子。

有一个叫小黄的大学毕业生。初到一个新单位，就依仗着父辈的些许"势力"，对待新单位的领导作"自来熟"状，不拘小节，说话大大咧咧；手里的烟灰乱弹；与领导交谈时也"语无伦次"、"答非所问"，且"夸夸其谈"，作"有学问"之状。令其领导从心里"嗤之以鼻"，尽管碍于其父辈的些许"势力"，暂时的接纳了他，但是其之后的发展就可想而知了。

小黄在领导面前都不知道说话恭敬，在普通员工面前，就更不知道以"谦恭和有礼貌"示人了。"自来熟"我们不反对，正相反，在当今"市场经济"的现代社会里，各行各业的竞争十分激烈，"适者生存"促使人们必须尽快的适应新的工作岗位和融入到新的工作环境当中去，能够"自来熟"的人

应该是一种优点。

但是一定要切记，一个初入新职场工作场所的新人的"自来熟"，要在谦恭和礼貌的讲话中才会发挥出最佳的效果；对自己的未来前途，也将是大有益处的！可别像小黄那样，因为不懂得"谦恭和有礼貌"，得不到领导的赏识和其他员工的拥护及支持，而在以后的工作中"多次碰壁"、"屡战屡败"，无法进步！

所以，谦恭和有礼貌的讲话是职场工作中的人所必备的素质，对于一个"新人"来说尤其重要，万万不可粗心大意！

17. 说话不分对象，不注意对方身份

不管一个人多么会说话，但必须注意说话的场合，要知道在什么场合说什么样的话受欢迎。只有会分场合说话的人才会非常受欢迎。世界上的人形形色色，有各种类型，每个人都有不同的喜好，在与人交往中是否能够成功，完全要看所运用的方法是不是具有针对性。"见人说人话，见鬼说鬼话"已经不是一种讽刺，而是一种本领。

这个世界上，有着形形色色的人，他们跟你形成了各种不同的关系，对于亲人和关系很近的朋友，你尽可以毫无顾忌地跟他们讲话；但是，进了职场，就要处处分对象，处处讲分寸，特别是对自己的同事，一定要注意他们的身份，才能搞好与同事之间的关系。

与同事相处，要讲究分寸，话太少不行。现在社会中的人都是社会型动物，那些少言寡语的人，会被大家看成不合群、孤僻，不善交往的人。久而之，你就会被大家所孤立，难于有什么发展。但是话多了也不行，容易让别人反感，而且也容易让别人误解，认为你是个轻浮、不稳重的人，还容易落下个"乌鸦嘴"的名声。所以说，不多说一句，也不少说一句才是与同事间最理想的说话分寸。

与同事说话把握分寸，有下面这样几条原则：

一、公私分明

不管你与同事的私人关系如何，但如果涉及到公事，你千万不可把你们的私交和公事混为一谈，否则你会把自己置于一种十分尴尬的境地。

二、得饶人处且饶人

不管同事怎样冒犯你，或者你们之间产生了什么矛盾，总之"得饶人处且饶人"。俗话说："忍一时风平浪静；退一步海阔天空。"多一句不如少一句，凡事能够忍让一点，日后你有什么差错，同事们也不会做得太过分，将你推向绝境。你忍让他，并不代表你怕他，而是表现你的豁达、大度。至于如何才能培养出这种豁达的情操，也是有办法的。比如让自己的心思意念集中在一

些美好的事情上去，当你的报复或负面的思想产生时，叫自己停止再想下去，等等。

三、不发生正面争吵

当你偶然发现某位跟你十分熟识的同事，竟然在你背后四处散播谣言，数说你的不是和缺点时，你才猛然觉醒，原来平日的喜眉笑目，完全是对方的表面文章！

这时候，你可能很想和他大吵一通，揭露他的"恶行"，让其他的同事认清他的真面目。千万不要这样，因为大家是同事关系，你若摆出绝交态度，一定吃亏。一则别人以为你主动跟他反目成仇，问题必然出在你身上，这无形中给对方一个借口去伤害你，这样做太不理智了。二则你们同在一个办公室，你总不想成天看见一副冷若冰霜或是怒目而视的面孔吧！那样把整个办公室的气氛都给弄糟了，大家自然把责任都推到了你的身上。

更何况你俩还有合作机会，上司也最不喜欢下属因私事交恶而影响工作。

所以，你要冷静面对，千万别说过火的话。对这样的同事，只要暗中将自己与他的距离拉开就行了。"路遥知马力，日久见人心。"时间长了，谁是什么样的人，大家自然都是再清楚不过了。他给你造的谣自然也就不攻自破了，到时候，被孤立的是他，而不是你。

看看下面一个简单的例子，你就会明白说话看脸色，看身份是多么重要了。

一位毕业于某高等学院中文系、勤勤恳恳工作了几十年的老师退休了。为此，学校为他和另外一位多次荣获过"先进"的退休老同志一并举行了一个欢送会。与会同志和领导对他们的工作和为人进行了热情洋溢而又非常得体的肯定和赞扬，相比之下，对那位"先进"的老同志赞誉则比较多。当轮到两位受欢迎的退休老同志致辞的时候，他们对大家的赞誉作了深情的感谢。

一时间，会场里充满了一种令人动情的温馨气氛。作为答谢，话本该说到这里为止。然而，那位勤勤恳恳工作的老师却并没有就此停止，却从大家对另外一位"先进"的赞扬中引起了感触，并作了颇为欠妥的联想和发挥："说到先进，十分的遗憾，我从来也没有得过一次……"话犹未尽，坐在他对面的、平日与他相处不太融洽的一位青年老师突然抢了话头："不，那是我们不好，不是你不配当先进，是怪我们未曾提你的名。"话语中带有不肯饶人的情绪，刺得老师从眼角眉梢生出了一股感伤的表情，一时间会场中出现了一种快快不悦的尴尬气氛。

一位领导见形势不妙，马上就把话茬给接了过来。其实他应该缓和一下气氛，避开让大家敏感的"先进"这个话题，转而谈论其他的话题。但是他却反反复复地劝慰那位退休老教师，叫他对"先进"的问题不要太在意，虽说没有评过先进，并不等于不够先进，先进不仅在名义，更要看事实。一席话，等于是把本应该避而不谈的话题作重复和引申，使本已尴尬的局面显得更加的尴尬了。

这是一个时刻都有可能发生在我们身边的事情。从这个故事中，可以引出以下几点发人深思的教训：

一是退休老教师的教训：在说话时不应该做无谓的比照。比照，是谈话中十分常用的一种手法。用的好，可使双方的说话产生积极的效果。在退休欢送会这样的场合，别人所说的一般都是一些非常富有情感而又不失其真的人情话和好话。对于这种充满人情味的好话，听话者要善于倾听善于应答，但根本没有必要拿别人的长处来衡量自己的短处，从而引起自己的不快。

二是青年教师的教训：不应该在别人失意之时添油加醋。与人相处，很难避免会发生这样那样的不愉快，在一位勤勤恳恳工作了一辈子的老前辈即将退休时，尽管老先生平时与自己伤了和气，然而在欢送会这种场合，我们不能乘别人一时失言，抓住别人的缺点不放。一个人在说话时应该理解"得饶人处且饶人"这句话的含义，不要为了图一时的痛快而说出那些不合人情味的刻薄话。"欢送欢送"，"欢"而"送"之，要尽可能地多留一点美好。

三是领导人的教训：作为领导人，应该知道这种形势再继续谈下去会出现十分尴尬的局面，应当及时避开"先进"这个让大家敏感的话题，巧妙地把话题岔开，使欢送会的气氛由暂时的不快而重新转到欢乐的气氛当中去，而不是在敏感的话题上唠叨不休。

看完这个例子，你明白适当说话有多么重要了吧。所以，说话时一定要三思而后行，想想对方是你什么人，再开口。

18. 不守信用，难以赢得信赖

也许你无法让所有的人都喜欢你，但是至少可以让大多数人都信赖你。诚实的人日久天长会逐渐形成宽容博大的胸怀，周围充满微笑和友爱；心思纯洁的人会渐渐养成自律的习惯，周围充满宁静和平的氛围。请记住，你可以圆滑可以世故，也可以为了混下去而委屈自己，但是，你一定要守信用，要取得别人的信赖，这样，才可以在竞争的环境中真正站稳。

现在，请你回顾一下自己的所作所为，是否能为自己的诚实而自豪？如果不能，好好反思一下，想一想，为什么会做出一些不诚实的行为和举动？这么做值得吗？如果当时坦诚以待，事情的结果会不会更好？要从错误中学习，并说服自己成为一个诚实可信之人，是可造之才。

人无信不立，良好的信誉能给自己的生活和事业带来意想不到的好处。诚实、守信是形成强大亲和力的基础。诚实、守信会使人产生与你交往的愿望，在某种程度上，会消除不利因素带来的障碍，使困境变为坦途。

以诚相待是人际交往中最重要的砝码，大多数矛盾都能用诚信的办法解决。只要真诚待人，就能赢得良好的声誉，获得他人信任，将潜在的矛盾化解在无形之中。

要求回报的诚实，算不上是诚实。诚实是没有等级、不分程度的，诚实就是绝对的诚实。不论诚实与否，诚实都不是为了取得报酬而产生的，诚实本身就是奖励，它是人类行为最具有成效的一种。诚实的人从不担心向谁撒了什么谎，无需忧虑什么时候会被揭穿，所以，他们可以集中心力，做一些更有意义的事情。

人们都喜欢和诚实的人交往共事。很多用人单位也深有感触。

伊丽莎白是一家大型公司的资深人事主管，在谈到员工录用与晋升方面的尺度时，她说："我不知道别的公司在录用及晋升方面的标准是什么，我只能说，我们公司很注重应聘者对金钱的态度。一旦你在金钱上有了不良的记录，我们公司就不会雇用你。很多公司也跟我们一样，很注重一个人的品行，并且以此作为晋升任用的标准。如果品行有污点，即使应聘者工作经验丰富、条件优越，我们也不会聘用的。这样做的理由有四点：第一，我们认为一个人除了对家庭要有责任感外，对雇主守信是最重要的。你在金钱上毁约背信，就表示你在人格上有所缺陷。但是，今天很多美国年轻人却不以为然。他们认为'银行的钱那么多，即使我不偿还债务也无所谓'，或者'每家商店都有上百万的资金，我不付款它也倒不了'。但是买东西必须付钱，欠债必须还钱，这是天经地义的事。在金钱上不守信用，简直与偷窃无异。第二，如果一个人在金钱上不守诺言，他对任何事都不会守信用。第三，一个没有诚意信守诺言的人，他在工作岗位上必定会玩忽职守。第四，一个连本身的财务问题都无法解决的人，我们是不任用的。因为频繁的财务困难容易导致一个人去偷窃和挪用公款。在金钱方面有不良记录的人，犯罪率是普通人的十倍。当我们支出金钱时，要诚实守信，这一点也同样适用于我们为人处事。"

伊丽莎白的用人标准说明了这样一个问题：诚实是衡量人品行的一把尺子。这把尺子，无论古今中外，适用于所有人。诚实守信不仅是一个人品行的证明，同时，它还使人树立起对家庭、对社会的强烈责任感。

诚实守信与权势、利益等无关。诚实守信并不仅仅是为了从职业中获取某种利益，而且是将自己的工作当成信仰，将每一次任务当成使命，在现代社会，真正的诚实守信更应该是一种职业的责任感和使命感受。如果缺少了充分的责任感和使命感，即使能够利用自身的职业技能获取一定的物质利益，可是在精神上，这样的人却是最贫穷。

那些远离正直诚实的人，机会同样也会远离他们。你可能可以暂时伪装自己，表现出一副诚实的面孔，但是人们最终还是以你的所作所为，而非你的言辞来判断你。如果你一向说的比做的多，请即刻立下誓言，改变自己的行为吧！

19. 管不住自己的嘴

我们说过的话，极少有人能保守秘密；我们做过的事，总会有人知道。因此，务必保持说话做事的公正性和透明性，以免使我们的威信和人格受到影响，特别是在职场工作，务必要以保守公司的秘密为第一要务，否则，一不小心，说漏了嘴，不但会丢了工作，恐怕连人都做不下去了。

《孙子兵法》有云："知己知彼，百战不殆。"这是许多人都知道的道理。为了"知彼"，刺探情报的工作就应运而生。而为了防止对方"知彼"，"保密"工作也就更显其重要性。在职场上，管住自己的嘴，紧急事慢慢地说，大事想清楚再说，小事幽默地说，没把握的事小心地说，做不到的事不乱说，伤害人的事坚决不说，没发生的事不要胡说，别人的事谨慎地说，自己的事怎么想就怎么说，未来的事等未来再说。这样一来，可以很好的避免因管不住自己的嘴而泄露商业机密的弊端。

在纷繁复杂的社会中，说话的时候要考虑一下你身边的人的利益取向。如果你不想好，是很容易出问题的。作为一个年轻人，你要用更加睿智的眼光看待你周围的人和物，要知道国家、社会、企业和个体的内在规律。所以，说话时必须要时刻做到提高警惕，嘴严，该说的说，不该说的不说。

小李是一家日资在华企业的高级顾问，对该企业的人事等商业机密相当了解，个人水平也比较高。但就是有一个缺点：心直口快，有什么说什么，不论对方是谁，结果在一次和另外一家公司谈判时不小心泄露了自己工资的商业机密。至于结果吗，大家应该都心知肚明了。

这个小故事告诉了我们一个很重要的道理，即在平时的交际中，一定要善于保守自己的秘密，否则吃亏的只能是自己。

老板对于企业的商业机密的保护是不遗余力的，但是企业的员工对于商业机密却未必有那种主人翁意识或是警惕意识。对于某些握有重权的中高层管理者来说，商业机密甚至是他们挟持老板的一种手段。若老板不能满足他们对升职或薪酬的要求，他们就有可能做出对公司不利的事。

对于严重依赖知识产权的企业，老板对于中高层管理人员的心态很矛盾：到底是把机密告诉给多一些的中层管理人员呢，还是只让个别高层管理人员知道。如果只让个别高层管理人员知道，他们一旦跳槽，企业业务就瘫痪了；如果让尽可能多的中层管理人员知道，人多嘴杂，又不知道到底是谁最后泄露了公司的机密。因而，对于老板来说，保护商业机密的一个重要议题就是激励士气、挽留人心、瓦解对手公司的策略。所以，学会保密将会成为你职场的一大优势之一，平时一定要好好培养自己这方面的优势。嘴严了，你就离"成精"，也就是职场精英不远了。

20. 谁都信任，做事缺个"心眼儿"

　　每个人生活在这个世界上，都离不开与各种各样的人交往。可知人知面不知心，尤其是对于那些交往不深的人，我们就更难摸清对方的心思、了解对方的想法了。这个时候，所谓的"天真纯洁"就不是法宝，而是引得你被害的深渊。"害人之心不可有，防人之心不可无。"初入职场，一定要带着几分警惕心，不能太"无邪"了。

　　俗话说：百人百性。有些人看上去亲切和蔼，实际上却内心狡诈，披着一副友善的外衣；有些人当面对你毕恭毕敬，却不料一转身便开始说你的坏话；有些人披着诚惶诚恐的面纱，却不过是想利用你的善良和轻信来骗取你的钱财……还有一些人，虽然他们并不是有意要伤害你，但是却喜欢传播小道消息、捕风捉影，结果使你蒙受损失。

　　我们在生活中一旦遇到这样的人，一定要处处留心、时时提高警惕。任何人都不可能生活在真空里，我们每天都会接触到不同的人或事，比如购物消费、休闲度假、朋友交往、孩子上学，等等。就是在这些地方，往往也藏着一些看不见的陷阱。一些人为了达到某种不可告人的目的，经常编织出令人心动的谎言，诱人上当受骗。

　　特别是最能体现时代色彩的网络和手机，更是常常成为一些人行骗的工具。网络在给人们展现高科技的同时，也展开了一张张空中交织的网。在这张网中，他们编织着种种陷阱和骗局，在不知不觉中把你困在"网"中……因此，我们每个人都要学会在生活中保护自己，适当地设防。在纷繁复杂的人际关系中，穿上"防弹衣"，学会躲过各种明枪暗箭，使自己立于不败之地。

　　特别需要指出的是，虽然社会上有各种我们不能轻信的人，但并不是要大家对每个人都产生怀疑或者拒之千里，而是希望大家都能远离那些品行不端、心怀不轨的人，多和那些正直善良的人交朋友，不要被他人所蒙骗和伤害。

　　在你相信一个人之前，要学会对他进行全面地观察和考验，不要一味地给自己一个"对方是善良的"这类假设，因为每个人都有私心，你无法阻止他们利用你的善良去达到自己的某些目的。不要“被别人骗了还帮别人数钱”。

冉希最近郁郁寡欢，她不能相信跟自己两年交情的同事陈然竟会在同行业跟自己公然竞争。陈然是一个离了婚的女人，她刚到公司的时候，在这个行业没什么经验。作为部门主管的冉希自然成了她的入行老师。那个时候的陈然对冉希嘴可甜了，左一个“冉姐”，右一个“冉姐”地叫，陈然下班后还会到冉希家串门。

冉希是个挺人性化的上司，她对于他人的好意从来不懂得拒绝，比如陈然会常给她两岁的儿子买一个小礼物，冉希则经常手把手地教陈然一些经验。

两年后，陈然就辞职到另一家公司，她竟然成了冉希公司最大的竞争对手。她抛出了冉希曾经给她透露过的一些公司计划，来了一个“先下手为强”，搞得冉希措手不及。

公司里最忌讳的就是同事跟朋友角色的混乱，将工作跟生活混为一谈。因为朋友的状态很可能会打扰工作的状态，本来工作中，双方应该客观、公正、明朗，但因为参杂了朋友成分，就可能缺乏公正性，变得主观和情绪化，所以一定要清醒地保持距离。

魏帆在一家金融机构工作，是办公室中公认的乐于助人之人。有时候同事委托她帮忙她总是能够无差错地完成。有一次，她和另一位同事出差在外，同事有些水土不服，于是拜托她做一下单子，她爽快地答应了。

魏帆发现有一张单子的数目可能有问题，就问同事是不是需要核查一下，同事在洗手间里说没问题，她都核对过了。

于是魏帆就帮同事把单子都做完了。结果回到公司后，经理找魏帆谈话，大意是公司因为魏帆做的错误单子而产生了经济损失，要她自动辞职。魏帆很清楚，这是同事犯的错，她找了同事在经理面前对质，没想到同事竟然说她没有经手过这张单子。因为单子上签的是魏帆的名字，同事又不承认这张单子是她委托魏帆做的，结果魏帆不得不背上这个黑锅，递交了辞呈。

人们常说商场如战场，其实职场又何尝不是如此？平时大家可能和和气气，亲如一家，但是一旦面临晋升、加薪、裁员等利益问题时，合作关系很可能就会变成竞争关系。如果你还是没心没肺地以为“你好我好大家好”，很可能就会遭到“暗算”。因此在办公室中，不宜显得过于善良，有时候要适度表现得“泼妇”一些，免得让人认为你是个好欺负的乖乖女。职场上如此，生活中更是要注意了，免得一失足成千古恨。

卓燕是通过老公文俊推荐认识范青的。范青是文俊的同事，两个女人在一起起初很是投缘。特别是得知范青不如意的感情生活后，卓燕更是对她产生了一种类似姐妹间的同情。

她经常邀请范青到家里来做客，甚至在自己楼内为她找了一套房子，同时，卓燕还积极给她介绍自己认识的心理医生朋友，希望能够帮助范青早日从阴影中走出来。

但是这样交往两个月后，卓燕发觉文俊的手机上屡屡收到范青发来的信息，而且文俊有一次向妻子透露，范青想邀自己去一个海滨城市同游，而且骚扰再三，最终被自己拒绝。卓燕哑口无言。

卓燕的问题在于，她觉得自己必须跟丈夫的朋友成为朋友。于是，卓燕对范青没有了应有的一些防备之心，其实，那些心理有问题的人的心理世界不是一两次心理咨询就能解决问题的，如果她不能答应长期心理治疗，那就要坚决远离她，因为她很可能会侵入到你的生活。

看了这些例子，我都有点胆战心惊，善良的你，是不是要有点警惕性了。结交一个人之前，先保持淡如水的君子之交；真的决定做好朋友了，在真诚的基础上，也要留个心眼儿，先为自己着想。

第四章

父母不能护佑你一辈子，不做『啃老族』

"啃老族"也叫"吃老族"或"傍老族"。他们并非找不到工作，而是主动放弃了就业的机会，赋闲在家，不仅衣食住行全靠父母，而且往往花销不菲。"啃老族"年龄都在23~30岁之间，有谋生能力，却仍未"断奶"，得靠父母供养。社会学家称之为"新失业群体"。如果你是这样的人，是否也会从心底里瞧不起自己呢？自己已经成年，就应该练就一双坚强的翅膀，飞出温暖的巢穴，去闯出自己的天地了。父母不能靠一辈子，做"啃老族"，小心最后"啃"的是自己。

21. 工作也寄托在父母身上

比尔·盖茨说："无论在什么地方工作，员工与员工之间在竞争智慧和能力的同时，也在竞争态度。一个人的态度直接决定了他的行为，决定了他对待工作是尽心尽力还是敷衍了事，是安于现状还是积极进取。态度越积极，决心就越大，对工作投入的心血也越多，从工作中所获得的回报也就相应越多。"事实上，很多人现在害怕竞争，甚至害怕自己找工作，连工作都寄托在父母身上，到头来自己什么都不会。毕业了，还是靠自己吧，锻炼能力，经风雨见世面，最后才能自己坚强起来。

毕业意味着什么？毕业意味着和过去的生活说再见，意味着你将要独自面对未知的世界。毕业，意味着新生活的开始，在走向明天的路上，或许晴空万里，或许电闪雷鸣，但是，无论我们将要经历什么，你始终都要明白——明天在我们自己手中，未来的路只有靠自己去闯。找工作不寄托在父母身上，并不是说父母介绍的好工作你不去争取，而是说，在你有了好工作以后，不要躺在滋润的温室里过无忧无虑的生活，你应该打开窗子，像那些没有后援的同学一样，全身心地投入工作，迎接属于自己的风雨。这一切，不仅能使你成熟，带给你事业，还能带给你奋斗和前行的勇气。

事实上，现在社会上有很多人是依赖型的，找工作的事也不例外，大都是寄托在父母身上的。但这样做可靠吗，可行吗？举个例子吧，看看这种人像不像你，你又轻不轻视这种人？

小玥在家习惯了衣来伸手、饭来张口。快毕业了，父母心急如焚地到处给她张罗工作，可是她自己却丝毫不急。从小到大，小玥从考大学，报专业，都是父母代劳的，这也养成了她依赖的习惯。最近，父母托朋友给她找了一家公司，可是小玥干了没两天，就把工作给辞了。原因是这份工作让她感受不到成就感。现在小玥毕业证书拿在手里，却依然待业在家。她的父母仍在给她打听各种工作机会，而小玥还沉迷在网络游戏中。

虽然已经是20多岁的成年人，可是小玥却没有什么责任感，如果父母不给做好饭，在家上网的她可以只靠吃方便面度日。谈到自己的孩子，小玥的父母也多是责怪，但是责怪过后，他们依然会替她包办一切的事务。

像小玥一样的大学生大有人在。曾经有位家长，每次孩子面试都陪同前往，原因是孩子不认识路。他的父母给他跑招聘会，把招聘信息带回来，可他自己连投递简历都嫌麻烦。不少大学生找工作，还是把希望寄托于父母身上，期望通过人际关系为自己的职场打开路径，却很少考虑自己去开拓机会。

一项调查显示，有四成以上的大学生认为，通过家庭社会关系是最有效的求职途径。而且，这个比例还有进一步上升的趋势。不少应届大学生在接受采访时表示，现在就业市场竞争激烈，如果能依靠父母找到工作自然还是愿意接受的，但他们却不曾想过，自己在接受了安逸的同时，也就失去了拼搏的机会。很多时候，父母还是把自己的孩子当成羽翼下的小鸟来保护。读大学选什么专业，哪个专业就业前景好，哪个专业毕业出来收入高，多是家长到处打探，却很少有学生自己主动去搜集这样的信息，主动在自己的专业与兴趣之间平衡。

但是，这样的人在职场时就完全没有市场了。不少企业认为，那些太娇生惯养的学生做事往往没有自己的主见。而现在的商业环境，很多时候企业还是倾向于聘用那些有主见，有创新精神的人才。毕竟，循规蹈矩的工作由于含金量不高，在招聘时非常好招，因此求职者的竞争也很激烈。许多用人单位认为，那些一味依赖父母，连到招聘会上找工作都没有勇气的大学生，又怎么能承担单位分配的重任呢！一家电气公司的负责人表示：在招聘时，经常碰到有父母陪同的求职者，单位知道家长是为了孩子好，但他们还是更希望求职的大学生与应聘者进行面对面交流，从而使他们对求职者有更直观的了解，便于寻找和发现人才。由此，这也告诉人们，太过宠爱孩子，其实是给他未来的职业设置障碍。企业认为，没有哪个单位愿意要一个事事必须有人带、有人教的员工。这在同时也告诫家长，如果太过保护孩子，只能阻碍孩子在职场中的成长。大学生应该养成自我思考、自我摸索的能力，这样才能更加成熟，职场之路也才能走得更远。

换个方面想，这也不能完全怪我们的大学生。找工作，尤其是找一个自己称心的工作有多难，恐怕只有即将毕业的大学生心里最清楚。找工作不易，这是不争的残酷现实，而另一个现实是，很多大学生，特别是城市大学生，找工作很大程度上指望着依赖父母，靠父母托关系找门路，或者花钱请客，腆着脸皮子求人。找工作，究竟是靠自己还是靠父母？我觉得，靠父母找工作，不如靠自己凭着真才实学争来的工作可靠、保险。

靠自己找工作，是对自己的挑战、给自己下的战书。在这毕业找工作的节骨眼上，我真诚地奉劝年轻的朋友，不要羡慕那些父母有本事、能轻易找到工作的同学，毕竟自己的命是靠自己奔的，父母不可能罩自己一辈子。与其以后被人轻看，不如现在就把自己放在火上烤，让自己在风雨中浇个透，看自己到底能在世上奋斗成什么样子。另外，不要怕吃苦，不要怕下基层。多少有作为的人，都是在基层摸爬滚打过来的。不吃苦中苦，难成人上人。

22. 不愿工作，成为了"啃老族"

曾有一条谚语形象生动地刻画出"啃老族"的生活状态："一直无业，二老啃光，三餐饱食，四肢无力，五官端正，六亲不认，七分任性，八方逍遥，九（久）坐不动，十分无用。"自己能找到工作，就赶紧独立吧，父母的东西再好，也是父母的；自己的工作，就是自己在这个世界上的立足之本。

"啃老族"又称"尼特族"，"尼特族"是 NEET 在台湾的译音，NEET 的全称是 Not currently engaged in Employment, Education or Training，最早使用于英国，之后渐渐的在其他国家使用。它是指一些不升学、不就业、不进修或不参加就业辅导，终日无所事事的族群。在英国，"尼特族"指的是 16～34 岁年轻族群；在日本，则指的是 15～34 岁年轻族群。现在，中国的"尼特族"也开始有"蠢蠢欲动"的趋势了。

高等教育普及化，大学毕业人数逐渐增加。高学历的心态使许多毕业生不愿意从事较低的薪资工作，感觉心理上不平衡；他们其中的有些人吃不了苦，不愿去从事太辛劳的工作，希望工作轻松钱又多，于是呈现空等状态，没工作也没读书。

"尼特族"可分为四类：追求梦想型，丧失自信型、自闭型和家庭溺爱型。

追求梦想型：对于自己的工作有理想，非要达到理想才能满足自己所需，会一直转换工作来满足自己。

丧失自信型：因一次工作经验的失败，对之后就业产生挫折感，信心遭受打击，不敢再面对就业。

自闭型：从小与社会接触环境自然隔阂造成。

家庭溺爱型：从小受到家人的期待，认真读书只为了满足家人的期待，拥有高学历却不懂为自己将来打算。

据有关专家统计，在城市里，有 30% 的年轻人靠"啃老"生活，65% 的家庭存在"啃老"问题。"啃老族"很可能成为影响未来家庭生活的"第一杀手"。

据中国媒体调查，目前"啃老族"主要有以下六类人：

一是大学毕业生，因挑剔而找不到满意的工作，约占20%。

二是以工作太累太紧张、不适应为由，自动离岗离职的人群，他们觉得在家里很舒服。占10%左右。

三是"创业幻想型"青年，他们有强烈的创业愿望，却没有目标，缺乏真才实学，总是不成功，而又不愿"寄人篱下"当个打工者。占20%。

四是频繁跳槽，最后找不到工作，靠父母养活的。占10%。

五是下岗的年轻人，他们习惯于用过去轻松的工作与如今紧张繁忙的工作相比，越比越不如意，干脆就离职，约占10%。

六是文化低、技能差，只能在中低端劳动力市场上找苦脏累工作，因怕苦怕累索性呆在家中的人群，占30%。

现在"啃老族"的诞生多半是因为儿时父母过于溺爱的行为而导致的。大多数"啃老族"因为从小依赖父母习惯了，失去了在生活中和社会上独立自理的能力，而且也养成了懒惰和享受别人的劳动果实的习惯，长大了还只会在父母的羽翼下生活。下面这个故事也许会让所有的年轻人有所警醒。

在复旦大学读书时，吕彪是校团委调研部副部长，他曾以精彩的竞选演说当选学院团学联主席；在全国大学辩论赛上，他是复旦大学辩论队的主力队员。在学校里，他是风云人物，"彪哥"的名号也随之流传开来。

大三第二学期，他决定不找工作，专心考研。"我想在中国政坛上干一番大事业。考研是第一步，因为在我看来，学历意味着话语权，本科生说话的分量显然比不上博士。"吕彪说。

吕彪一直都没通过英语四级考试，难度更高的考研英语成了他面前最难的一道坎。第一次考研，他准备了8个月，其间每天至少学习12小时。大学最后一学期开学时，他看到了考研成绩：全部不及格，英语只有36分。"彪哥"随后开始了漫长的考研"苦行僧"生涯。

毕业后近3年的时间内，吕彪从来没有找过工作。

第一年，由于长期坐着看书，他的体重从87公斤猛增到99公斤，英语考分则从36分增加到40分。另外，总算有一门专业课及格了。

第二年，他虽每天坚持锻炼2小时，体重始终维持在100公斤以上，同样停滞不前的还有考研成绩。

第三年，他第4次走进考场，总分却是4次考研中最低的一次。

3年内，他每天晚上11点睡觉，早上6点起床，其他时间要么在看书，要么在去看书的路上。一次次努力换来的却是一次次挥之不去的失败和一丝丝日渐增多的白发。

伴随失败的还有孤独。"整天就盼着手机响，但这3年来它就没响过几次。"曾经的好友都在忙着各自的学业和事业，他没有可以倾诉的伙伴。他渐渐忘了"彪哥"这个名号，因为已经太久没人这么叫过他了。

考研前，吕彪的父母远在北京。他们得到消息后立刻决定：来上海，全力支持儿子考研。

一家3口在杨浦区开鲁新村租了一间约20平方米的小屋，月租650元。7年前退休的母亲负责在家照顾儿子的饮食起居。父亲辞去北京某大企业副总经理的职务后，在嘉定区某私营企业担任人事主管，月薪明显减少。因路途遥远，他每月只能回家一次。

小屋是毛坯房，唯一的电器是电视机。全家的衣服都得靠年过半百的母亲手洗。"高温天最难熬，房间如火炉一般，别说复习功课，就是光坐着也受不了。"

"害父母陪我受苦了。"吕彪的声音突然低沉起来，"本来应该是我给他们生活费，但每次伸手的却总是我，我根本不敢抬头看他们。请不要采访我父母，我已经欠他们够多了，不想再令他们担心。"

吕彪明白，父母始终是他的坚强后盾。"他们经常笑着安慰我说，应该趁年轻多读书。这叫智力投资，任何一种投资都存在风险，暂时的卧薪尝胆是为了将来的飞黄腾达。"

今年3月，吕彪遭遇了第4次失败。5月份，他终于决定放弃考研，开始找工作，但却一直没有收获。这段时间以来，他真切体会到了靠自己告别"啃老"的艰难。"现在找工作比3年前难多了，我必须调整心态，从最底层做起，我曾想过准备一张'虚假'简历，隐瞒曾4次考研的事实。"

这3年，出于兴趣，吕彪在复习时经常"溜号"。规定的参考书越看越没劲，其他书籍倒看了不少。在看《东周列国志》时，吕彪学到一个词"依人者危"，意思是说：如果老依靠别人，就会很危险，即使是父母也一样。现在，他正在努力，摆脱这种啃老的状态，争取自己闯出一片蓝天。

社会科学家认为，在当前就业压力日增，独生子壮大的前提下，"啃老族"有扩大的迹象。当中国进入老年社会的时候，"啃老族"必将带来更多的社会问题。"襁褓青年"的独立，除了依靠其自身正确的人生观、价值观之外，社会也应为其创造适合的工作机会。与其让父母养活"啃老族"，不如给他们工作岗位，让他们成为有能力养活父母的"养老族"。

吕彪也在这个行列之内，与他境遇类似的大学毕业生还有不少。他们对辛劳的父母，怀着发自内心的愧疚；对远大的理想，又有着不切实际的执着。矛盾交织之下，他们边"啃"书本，边"啃"父母，陶醉在对未来的种种设想之中，他们连心理"断奶期"都还没过。

大学毕业不找工作，成天窝在父母身边，衣来伸手、饭来张口，更有甚者还要父母为自己的高消费埋单，这就是目前啃老一族的生活现状。这一族群的平均年龄在25岁左右，绝大多数是80后出生的独生子女。

王女士的女儿瑶瑶就是典型的"啃老族"，睡觉、上网、出门逛街就是瑶瑶平日生活的主要内容。王女士夫妇不仅要供养女儿的衣食住行，每月还要替女儿归还透支千元的信用卡。3年前女儿大学毕业时，有过一份不错的外企工作，但是没干半年，便以经常加班不习惯为由辞职了。之后的一年多里，她先后换了3份工作，公司管理制度严格、工资少、人际关系难处理等都成为了频繁跳槽的借口。如今，已经一年多不工作的女儿整天无事在家，为了补贴家用，已经退休的王女士不得不找了一份工作"发挥余热"。

像瑶瑶这样频繁跳槽，最后无事可做的高学历"啃老族"并不是个别现象。就业过于挑剔，"高不成、低不就"是高学历"啃老族"总"失业"的主要原因。这些人一般眼高手低难吃苦，总对目前的工作不满意，动辄便以工作太累太紧张、不适应为由辞职。还有的人，想自主创业但缺乏真才实学和经验，又不愿屈居人下打工，怕苦怕累怕委屈，索性躺在家中"啃"父母。

社会学家指出，这些高学历的"啃老族"绝大部分是最初的几代独生子女，优越的成长环境及家长过分溺爱让这些当初的"小皇帝、小公主"不仅依赖性强，而且独立意识、责任意识都很淡漠。随着年龄的逐渐增长，这些高学历"啃老族"的就业范围会越来越窄，如果不引起足够的重视，高学历"啃老族"将成为家庭乃至社会的问题。为此，专家建议一些父母该放手的时候就要放手，给孩子多一些锻炼的机会，以强化他们的自立能力和责任意识，才能让他们尽早"断奶"。

23. 拿着家里的钱到处炫富

这个年代，很多人都富起来了，也因此产生了"富二代"。有些人不贪恋家中的钱财，自己去闯世界；可还有那么一些人，觉得家里的钱就是自己的，拿着父母的钱四处炫富。这种趾高气扬的"富二代"，最后只能引来让人鄙视的下场。

上海曾有一男子在博客里炫耀自己狂买名牌的奢侈生活，还用大叠百元人民币来点烟。他张贴照片炫耀自己的奢侈生活，毫不掩饰地鄙视穷人，被网友戏称为"小龙少爷"，还引发了一场争论。

2006年9月，一个叫"雅阁女"的网民称月薪低于3 000元是下等人而犯下众怒，这样"贵族帖"已超越了单纯的网络式的胡言乱语。数百万网友对她的言行展开"讨伐"，称她为"网络公敌"。

事实上，经过20多年的经济建设，随着国家实力的增强和人民生活水平的提高，一个富裕阶层已经出现。在人们惯常的印象中，富人一方面被社会冠以"成功人士"的称号，另一方面又被指为"穷得只剩钱了"。但其中有些人并不是自己奋斗起来的，而是用父母的钱来往自己脸上贴金，这种"富二代"，让舆论哗然。

某论坛一女性网友，声称自己年少多金，月薪20多万，开宝马、戴江诗丹顿表，并上传了一张自拍图片。照片中的她手枕着一叠叠的人民币，并且戴名表，完全是一副摆阔派头！此图一经贴出，立刻引来网友跟风，摆阔的、比拼的、搞笑的，应有尽有。

一个叫"KEEP"的ID在猫扑论坛加了一个帖子：《那些看不惯90后的人，你们有什么资格评论我们？》。帖子里称："不管你们怎么说、怎么想、怎么骂，20年后你们就会明白的。请问那些现在还天天上班等着每个月发那点工资养家的所谓的白领们：你们有资格吗？你们银行卡上的钱还没我手上的多吧。你们慢慢奋斗吧！你们每天6点起床，手里拿着两个韭菜大饼，挤着人山人海的公交车，忍受着老板的指责和同事的嘲笑，生一个比你还自私的小孩，你们一辈子这样慢慢地过下去吧!"

帖子共由 6 张图片组成,前三张为一年轻女孩手捧大把钞票,摆出各种造型,第四第五张则是一个蓝色的盘子中摆放着用白色粉末拼成的"keep"和心形图案,以及一张信用卡和一支蓝色的吸管,刻意给人留下以"吸白粉"的感觉,最后一张则为女孩自己的清晰照片。

该帖早先出现于 MSN 社区,在该社区里,加帖的人是一个叫 alia 的女孩,alia 的资料显示,其为北京人,年龄仅为 15 岁。该帖发出后随即引爆猫扑和 MSN 社区。网友们纷纷指责其把无知当做性格,生活堕落,而第四第五张图片中的白色粉末更被网友们质疑为毒品"K 粉"。

alia 的帖子在发出的当天即招来了网友们一边倒的骂声,被网友们誉为"自'雅阁女'后又一'闲着没事找抽型'的典范"。80 后戏称:"我们还没成熟,90 后已经前仆后继。"而不少 90 后则不屑地指责 alia 此举是在"丢 90 后的脸",还有不少网友对 alia 进行了较为恶毒的"人身攻击"。

网友"平凡"表示:"每个人都有自己的生活方式,你们也有自己的生活方式!谁也没有资格说你什么,不过请你相信一点——'K 粉'不是什么好东西,以后你会明白,当然也不要老拿自己的钱出来显摆,发个奖金就几万元的公司有的是,大点公司里面的员工谁也不缺你这点钱!"

也有网友提出了中肯的建议:"钱只是我们这个社会流通的一种工具,它和我们手中的锤子一样,你用完了,就该别人用了。人品与学识才更重要,只要你得到了,别人是拿不走的。还有就是,幸福来源于综合因素,不只是钱的多少。"

网友"追"的话获得了其他网友们的认同,"我是个 80 后,感觉没多少人看不惯 80 后也没几个人看不惯 90 后,所谓的几零后代表的只是年龄而已,并不代表别的什么,但谁都不能把无知当做性格。"

还有一些"富二代",在生活中也毫不掩饰自己的富贵。

近日,在一个购物广场附近,在高档餐厅酒足饭饱的"富二代"来到停放了 20 多辆价值上亿元人民币的法拉利跑车临时停车场,在众人的瞩目和惊叹声中,发动震耳欲聋的引擎,一溜烟扬长而去。

第二天,这支"富二代"豪华车队在重庆到成都的高速公路上一路飙车前行,险象环生。最后在成都高速公路成都入口处被交警拦截,这场炫富表演才告一段落。

有关中国"富二代"炫富的新闻层出不穷，这再次引起了中国人对于这个特殊阶层的关注。根据大渝网对上万名网友进行的一项调查显示，超过70%的受访者对"富二代"抱有负面印象。

对于这个问题，有位网友提出的问题，也许很值得大家深思："你家也许很有钱。但那是你赚的吗？白领怎么啦，至少人家靠自己的双手养活自己，你呢？你手上那些钱有几张是你赚的？你爸妈看到这个帖子也许会伤心，他们对你的溺爱造成了你这样的人格，这也是所有溺爱子女的父母该看到并意识到的。等你能自己赚钱的时候你再来讽刺这个社会吧。"

对于"富二代"的缺点，我们不需要多说，只希望这些活生生的例子能够提高我们的自尊心和独立性，自己的钱捏在手里，虽然赚得辛苦，却很踏实，你说是不是？

24. 把向父母索取看成理所当然

在很多人的意识里，总认为向父母索取是理所当然的，谁让他们是我们的父母呢？不错，小时候向父母索取很正常，也很符合情理，因为那时父母还是你的监护人，你自己也没有独立的经济能力。但毕业了，找到工作了，还是一切都向父母索取，这就显得有点不合情理了。尽管有人说我刚毕业，挣的钱还不多，还不够花，但也不至于把向父母索取看成是理所当然的，因为父母决不能养活你一辈子，索取后要学会反哺。

在今天的社会中，把向父母索取看成是理所当然的情况并不少见，主要原因应该是这些索取者没有搞清楚自己现在身负的社会责任。

最近看到两组数字：87.9%的"房奴"年龄在35岁以下；是来京求职的外地应届大学生，有5万多人准备在京买房，而这一数字去年不到2万人，增长了250%。据说，这两组买房人支付房款首付的部分都是由父母完成的，然后由买房人自己还剩下的贷款。于是，这两组数字成了令人痛心的数字，痛心于"啃老族"的迅速扩大，痛心于"啃老族"的下手无情，痛心于"啃老"啃得理所当然。

屈指算来，35岁以下"房奴"的父母应该是50多岁或奔60的人了，他们不仅操劳了大半生，而且身体也大多开始出现一些这样或那样的问题，医疗保健的支出渐渐增多。又因为临近退休年龄，经济收入开始下降。本来手里有了些许的积蓄可以基本保证自己安度晚年，却因为要给自己心爱的儿女买房付首付而重新开始过起了紧紧巴巴心里不踏实的日子。甚至有的父母卖了自己的房子给孩子买房，自己却又过上了租房住的日子。如此"啃老"，于心何忍。更让人难过的是，这些"啃老族"相当一部分认为这是理所当然的，谈论起来毫无愧色。

有个教育专家，就曾经遇到过这么一个不知感恩的"啃老族"。

我曾认识一个家里很穷的大学生，经常写一些自我感觉良好的"文学"。他和我讲起他的家境，以前还不错，现在供养两个大学生，家庭情况不太好了。父母又只是小城市的工薪阶层，他很喜欢抽烟，每月抽烟的开销就200元。我就说，既然你说家里穷，就应该为家里减轻负担。每月200元，一年也得2 000元呢。这些不必要的消费就免了吧。如果你真的觉得惭愧的话，就应该戒烟才是。他说我回家后就不抽了，怕父母伤心。这可真够虚伪的。后来，他又和我说，他现在成绩不好，修不起学分，压力实在很大。我就对他说那就努力嘛，不是还有一年多才毕业嘛。现在赶一定来得及的。再后来聊的时候，他说他想继续读书，考研究生。我纳闷：你连学士都拿不到，还要考研究生？家境不好，本该找份工作把自己养活再考虑读研才是。我还是憋了口气，没发火。耐心地说："我觉得你还是先做好眼前的事，顺利毕业，家境不好，就更应该找份工作，减轻家里负担，然后再是继续读书深造。"这位大学生回复我说："现在找工作太难了。"我看到这个孩子，这样发展下去，是没有什么前途和未来的。

中华民族有一个最为悠久的优良传统，那就是"孝道"。儿女对父母尽孝道，赡养父母，本来是天经地义的事情。现在，父母不需要儿女尽孝道，只是需要一点点的感恩之心，如果连这点都得不到，那父母会多么伤心啊。俗话说"树欲静而风不止，子欲养而亲不在"，别等到真的失去了，才追悔莫及。好好想想，你有没有为父母做些什么呢？

25. 什么事情都想让父母代劳

现在的社会，独生子女多了，从小"衣来伸手饭来张口"的"小皇帝"和"小公主"也多起来了。但是"小皇帝"和"小公主"总是需要长大的，总不能什么事情都让父母做。父母管得了一时，管不了一世，什么都让他们代劳，有一天没人能够帮你时，不要暗自后悔。现在独立一点，不但是为了父母，更是为了自己！

"小的时候，我们的事情一律由父母代劳。时间久了，就习惯了，放不下了。但这奶终究是要断的，长大了还想一切事情都让父母代劳，真不知道这些人是怎么想的。这样的应聘者我们坚决不要。"一家著名外企的老总如是说。

没错，现在社会上这种凡事都想让父母代劳的事情时有发生，这种人也不在少数。倒不是这些人没有能力自立，很大程度上是他们的想法在做怪，他们认为父母生了自己，当然该为自己做好一切，至于事事找父母代劳那也没什么所谓的过分之说。

不是不能让父母代劳一些事情，而是说要尽快转变角色，应该让父母享享清福了。因为无论如何，你的大部分人生只能靠你自己，而不是父母。

所以，在生活中，无论碰上多么艰难的事，都要靠自己的努力取得成功，靠父母永远不会有出息，依赖父母就是在伤害自己。

《真实的高度》中写到：大仲马是伟大的世界著名作家，他的儿子小仲马屡屡投稿，屡屡碰壁，却没有仗着父亲的名义，也没有因为一次次失败而放弃，他始终坚持不懈，终于，靠自己取得了成功。小仲马放弃了轻松成功的机会，而是要用自己的实力证明他能不能成功。他不希望自己靠父亲赚钱，而是要用自己的努力。

小仲马肯靠自己源于他的坚持，当一张张冷酷的退稿笺摆在他面前时，他没有被困难所打垮，没有放弃他的写作生涯，没有选择父亲给的那条路，仍然选择靠自己。他胜利了，他的著作终于有了开花结果，小仲马认为失败是一笔财富，他付出的一切没有付诸东流。每一个字都是他的一份心血。他看见退稿，如同万箭穿心，但小仲马并不认为这是非常残酷的，他克服了心理的一切障碍，失败了就再来，不能靠父亲的给予，成功和失败就在一念之间。小仲马多么伟大呀！他选择了坚持、靠自己。他已不再是那个名不见经传的小仲马，而是凭自己的实力成为了一个家喻户晓的作家。

　　人生就像一条很浅很浅的小溪，让父母背过河和自己走过河的感觉是截然相反的。让父母背过河，自己就永远也不会走，永远不会成功。靠父母的家产过一辈子并没有什么意义，而靠自己呢？不仅能收获能力、成就，反而还能养活父母，这样的感觉不是更好吗？自立的精神就像一层保鲜膜，当靠自己摘来果子时，这层"保鲜膜"早已为果实保质，因为这个保鲜膜的保质期是一生。一生都在靠自己奋斗，勇于靠自己争取的果实永远是最香的、最甜的。

　　靠自己去学习，靠自己去成功。天生我才必有用，凡事都要靠自己，只有用自己最真实的高度与别人拼搏、较量，才会拥有最真实的实力。现在可以依靠的是父母，以后呢？只有我们自己。相信自己，让自己变的光芒四射，才能在这庞大的社会中，做一个真正的强者。

26. 自己犯的错误让父母买单

在我们国家的家庭教育中，很多父母经常犯"爱心"错误，他们一切为了孩子，为孩子做一切，过分照顾，过度保护孩子，孩子犯的一切错误都由父母承担。习惯成自然，孩子长大了也照旧不改，自己犯的错误由父母来买单。这种人，就是犯了"没有担当"的毛病，最终在父母精心的呵护下成为一个外表光鲜的"窝囊废"。

大多数人对自己负责的事，都能尽职尽责的承担起来，都很用心的去做，并把它做好。但是，在生活中也有不少人对自己的错误不去担当，自己犯错误想要父母来买单。

人都有一种本能，即逃避对自己不利的一切。在错误面前，这种逃避的本能也会很自然的体现出来，而实际上这种本能保护自己的方法是不可取的，只会对自己的成长不利。一个人在面对错误时的表现是最能看出此人是否有担当的。有担当的人表现的是敢于承认，敢于承担由此带来的任何后果，并尽自己的最大努力，将错误带来的损失缩小到最小，而不是逃避错误，或者胆怯，而越来越对自己没有信心，并让错误一次又一次地发生。

"妈妈，都是你，我音乐书又没带！"

"妈妈，都是你不好，红领巾都没有找到！"

"爸爸，你看你买的改正带，没用几天就坏了……"

记不起，从何时开始，耳边老是响着这些埋怨声。起初，我耐心地询问、解释、弥补，慢慢地，问题越来越严重了，连在外面摔跤回来，孩子都会劈头盖脸一句："这裤子一点都不结实！"考试成绩不好，也会哭哭啼啼："都是你的错，没有用心教我！"我惊呆了！这孩子怎么这样？难道你调皮弄破了裤子，是妈妈的错？难道你学习不努力，成绩不理想，是妈妈的错？不！一定是有问题，这孩子怎么总把责任、错误推到别人的头上，而不从自己身上找原因呢？

于是，我开始"反抗"。当他回家，又张口抱怨的时候，我默默地对视着他的眼睛，等他怒气冲冲地说完，我以同样高的语调对他喊："这是你自己应该做的事，不是我的事，是你自己没有想周全，不要老想着怪我！"然后，我看到他走进书房，把书包狠狠地扔在地上的声音也传进我的耳朵，还夹杂着不满地嘀咕声！如此几个回合一来，我的火气上升了，他的脾气见长了，战争也升级了。但是，我发现他仍然抱怨，虽然次数少了，但语气更强硬了！不行，这不是解决的办法，如此长久下去，母子关系将更加紧张，小时候他承诺"长大了给妈妈买水果，给爸爸买烟抽"的天伦之乐将"无限延长"。我开始暗暗着急了。也许，这一切还可能对他的心理造成什么扭曲，成长的道路会崎岖。更不要说成为创世纪的合格人才了。想到这，我心里"咯噔"一下，心里更沉重了！

看了上面一个骄纵孩子母亲的自述，想想长大的自己现在是不是也有这种现象呢？小孩子的骄纵可能还局限在日常生活琐事上，我们成年人的错误，要让父母买单，那付出的代价可就比这个大得多了！

作为一个现代人，我们必须要自己有所担当，一个敢于担当之人，首先应该拥有强烈的责任感，具备对事物和选择的领导力。其次是在对发展趋势上，不为外界所影响，能够一直走下去，坚持希望和未来，不怕失败，承担自己和自己能够做的一切。

担当铸就伟大人格，锻造卓越品格。平凡的世界，平凡的生命和路程，人生的路途一定充满坎坷，每一步都充满选择。选择一个远方，你要有勇气去面对，无论最后的结果如何，责任是必须要担当的。伟大的人物，因为敢于担当，历史也将选择他们作代言人，最终推动了历史的进步，也成就了自己。

因此我们要重视并调节自己这种本能反应，你可以例举几条有可能使你犯错的因素，并经常提醒自己，如犯错了，我决不能找这几个方面的借口：

1. 小错，没有太大关系。（认真对待每一件事，任何一件事都是大事）

2. 时间不够。（不要浪费时间，合理安排好时间）

3. 手头上的事情太多了。（做事要有条理性）

4. 最近我家里事情多。（处理好工作与生活的关系）

5. 我是新人，经验不丰富。（加强学习，比经验足的更努力）

6. 这个不是我能力范围可以做到的，没有人告诉我怎么做。（明确自己的目标与责任，与你的目标责任相关的，都是你想尽一切办法应该做的，并做好的，不需要领导的安排与指导

　　你还可以列举 N 点，列举得越多，你考虑得也越多，给自己的退路也越少。这不仅能增加你担当错误的决心，同时，也是一个减少你犯错几率的好办法。这样，也不用父母日夜为你担心了。勇敢地去飞吧。

第
五
章

好好去爱，不折腾

一份感情，最重要的就是简单快乐，平平淡淡，相依相伴。然而，如今的年轻人，好像有用不完的精力，在感情问题上反反复复。有的时候，找到一个自己爱又爱自己的人就好，别去折腾，细水长流的和自己值得爱的人生活下去吧。

27. 选择男朋友，不要设置太高门槛

男人是用来爱的，不是用来挑的。有的女孩子选男友，不是看喜欢不喜欢，而是看学历，家产和背景。而且这些门槛还设置得特别高，眼睛都不往下面看。寻寻觅觅，最后要是运气好，真碰上一个满意的，也会有这样或那样的问题；运气不好的，恐怕就要被"剩"下来了。其实，喜欢就好，简单就好，毕竟，你找的是爱人，不是靠山。

选择什么样的男友，对于大多数的女性来说是一个很重要的话题。你是选择一个身价亿万的富翁还是一个身价平平但终生对你好的人？是选择一个长相帅气高大还是相貌一般但有一颗赤诚之心的人？

有很多人说，我想找一个年少多金、背景雄厚、收入很高、有车有房、最好有权，同时要一心一意对我好的人！老天哪，这个世界上这种男人太少了！你想找这样的一个男人，其他人也想，但这样的男性又像稀有动物一样，少而又少，怎么办？

话说回来，这完全就是一种不切合实际的空想。改变自己的想法吧，把标准设的实际一点、门槛低一点，毕竟你还年轻，20几岁，人生的奋斗才开始不久，日子还长，要向前看，用发展的眼光看问题。

而如今的年轻女孩子，自己并没有什么权和钱，但却还是把自己当小公主，什么都要求男朋友去做，看看下面一个80后女孩写的找男友的另类标准，即使对她有意思的男孩子也会"知难而退"吧。

1. 会煮饭烧菜。（因为我只能把菜煮熟，色香味俱全是做不到的，现在还不知道是否能把饭煮熟，水平很烂）

2. 会做家务。（平时我很少干的，所以对方一定要会做）

3. 学理工的学生。（不知怎么就觉得学理工的男生特好）

4. 身高体重。（身高175厘米以上，男生貌似都很瘦）

5. 北京、上海户口很重要的。

6. 房子车子。（大家共同努力，我不会要求男的必须要有房有车，这样显

得太苛刻，不希望爱情有了附加条件而变味）

7. 人要大气。（最讨厌小气巴拉的人，我最喜欢去超市买吃的，一买就是一大包，吃完就买，别为了这个而吵架，这是我不愿看到的结果）

8. 脾气好点。（我脾气不怎么好，有时挺霸道的，所以要找个脾气好的）

9. 喜欢旅游。（平时挺喜欢到处逛逛，我爸出差也会带上我，所以对旅游热情很高）

10. 有爱心的。（我都不知道怎么去界定有爱心，喜欢小动物应该也算）

11. 喜欢狗的不要。（我不喜欢狗，因为我天生怕狗）

12. 抽烟酗酒的不要。（抽烟的坚决不要，酒还是能喝的，因为我们家爸爸和叔叔们都喝，而且他们酒量都很好，特别是几个叔叔，灌酒的功夫超好的，所以酒一定要会喝。不过平时要少喝，多喝了对身体不好，喝醉了自己还会很难受）

13. 要有主见。（该有主见的时候还是要坚持自己的主见）

14. 有礼貌。（看见长辈要能主动和人家打招呼，我们家亲戚多，都喜欢嘴甜的男生）

15. 游戏迷不要。

16. 英语四级。（我英语不好，就指望你了）

17. 不要嫌我笨。

18. 要孝顺。（对长辈要孝顺，至少有空就应该去看看他们）

19. 不要吃干醋。（我们家的醋在厨房，要吃去那边吃）

20. 留在我喜欢的地方。

21. 能保护我。（当我受到欺负，一定得帮我出头）

22. 有幽默感。（没事时能逗逗我，那也挺好的）

23. 手机不能关机。（要是我想给你打电话，希望马上找到你）

24. 不要和我唱反调。

25. 让硬币决定一些事。（比如我要去东街，你非去西街，你不让我，我也不让你，那就让硬币决定吧）

26. 属相。（算命的说牛和老鼠不能在一起，实在抱歉了）

27. 赌博的不要。

28. 无宗教信仰。（户口本上应该写得很清楚）

29. 姓氏。（奇怪的姓氏就不要了，例如毕、归等）

30. 地理位置。（以我们家为中心，只能是西面的）

31. 喜欢吃怪异的东西的不要。（香菜、葱科类、韭菜、菌菇类、芹类、海带我都不吃）

32. 识时务者为俊杰。

33. 和我抢电脑的不要。（我们家都没人和我抢，除非我主动让给你）

34. 会拍我爸爸马屁。

35. 一定要比我姐男朋友厉害。（我姐说姐夫英语六级，有什么啊，我们不是六级也能打败他）

36. 不能近视。（我虽然也近视，但总希望你别超过500度，不近视更好）

37. 喜欢吃水果。（我自己基本上每天都会吃水果，希望有人陪我吃，榴莲不吃）

38. 喜欢孩子有童心。（感觉和小孩一起玩很快乐的）

39. 不要欺骗我。（不希望被骗了我还不知道，善意的除外）

40. 多学学我爸爸。（我爸是个好丈夫，也是我和姐姐的好爸爸，既是模范丈夫又是模范老爸，还是个孝子，这年头找个我爸的翻版也难啊）

41. 有C1驾驶证。（我现在不打算去学车了，开车也要动脑子的，我不想死脑细胞）

42. 不能骂我。

43. 不挑食，不厌食，不偏食。（什么都吃那就挺好的）

44. 能陪我玩游戏。

45. 喜欢发短信。（有的人喜欢一个电话解决事情，可有时候短信还是挺好玩的）

46. 周末有时间。（周末还工作的话人会很累，要有时间休息放松）

47. 我生病了能照顾我。

48. 《双面胶》里那男主角就挺好的，有他一半就好了，我挺喜欢他的。

49. 爱干净的男生。（比较讨人喜欢，看着就舒服）

50. 喜欢运动。（比如说打打篮球）

51. 有方向感。（说实话我方向感很差，但还没迷过路）

52. 不要有恋母情节。（这个不太好）

53. 不要太喜欢吃面食。（我很喜欢的，所以得中和）

54. 有耐心。（男生有耐心是很重要的）

55. 包容我的一切，我会为你去改变！

上面的这些标准，说不合理，有些也是合理的；要说合理，也有些是非常不合理的。谁能为了你，做到那么多呢？五十多条标准，是多么高的门槛。有时候，自己也要做出一些让步。

要我说，选男朋友唯一的标准，就是男孩子要具有"大气、骨气、志气"三要素。

大气，指的是气量宽宏，也就是心胸宽大。女孩子选丈夫，谁知道那个很爱你的男人，未来会变成什么样，会受到什么引诱。和心胸狭隘的人相处一辈子，是痛苦的。因为夫妻要相互忍让，大气的男人，才能托付终身。

骨气，指的是"富贵不能淫、威武不能屈"，也是孔夫子所说的"造次必于是，颠沛必于是"。有自己的原则，有自己的看法，绝对不为名为利，委屈妥协，扭曲公理正义。做丈夫的就是要让妻小倚赖，一辈子挺不起腰杆的先生，不要也罢。

志气，是要对自己有期待，对未来有想象。不论自己现在有多艰难，处境有多卑微，一定不会丧失信心，不断努力向上，青云有路走为梯，深信明天会更好，这是做为先生、丈夫的志气，也是一家人未来的指望。

这三项指标说起来容易做起来难，能符合这三项标准的男孩子也太少，是稀有动物。甚至比长得帅，有房有车，有钱有权有背景的男人还要难得。

应该这样说：这三条要素就算现在做不到，但只要有心，用这三项标准来自我要求，来成长学习，就是值得女孩子托付终身的对象。

下面这些具体标准只能反映出一个侧面，千万不要因为你的男友不符合以下标准就认为他不好。记住，男人在很多地方都可以闪光。但如果你的男友能基本满足以下标准的话，相信我，他一定是一个好男人。

1. 他对感情很专一，虽然也与其他的异性交往，但那只是生活交际的必须。

2. 他或许家境很好，甚至于很富有，他能不断送你礼物，给你惊喜，请你吃必胜客，哈根达斯，让你过上丰厚的物质生活，这是你的福气；他或许家境不好，甚至于很穷，但他能省下所能剩下的所有钱给你买一份可能并不值钱的礼物。他每月饭卡里花的钱和你一样多，不要听他的所谓胃口小，男人永远比女人吃得多。他已经半年没给自己买过一件像样的衣服了，但你的衣柜里却多了三四件他给你买的或是你俩攒钱买的衣服，这是你的福分。

3. 他有一个好脾气，动不动就发火的男人不是好男人，懂得宽容的男人才是真正的男人。

4. 你迟到，他基本没有怨言，女人都爱迟到，好男人都能等待。

5. 个人修养很高，尊敬他的父母长辈，对你的父母长辈也敬之有加。

6. 有上进心、有理想、有朝气、有魄力。

7. 有相对稳定的职业，这样你们的生活才有保障。

8. 如果有房有车那是最好不过的，但是没有，也可以一起努力。因为你们还年轻，能够在一起，就是最大的动力。

28. 想多个选择，与多个人同时约会

在人生的道路上，多一条路就多一份成功的希望。但是，如果恋爱中也
"狡兔三窟"，那就不好了。爱情是专一的，不能原谅一丝一毫"外敌"的入
侵。就算没结婚，也不能三心二意。如果真的和多个人约会，小心最后"竹
篮打水一场空"，后悔也来不及了。

人的一生之中有很多次的机遇，或许是事业，或许是爱情。也许只要那么
一次，你抓住了机会，就获得了在别人眼里所认为的成功；如果你没有抓住，
让它流失了，再想有机会就很难了。

所以，你想要"狡兔三窟"，感情上多几条道路，你就不能专心地去爱
了。事业上"狡兔三窟"是对的，但是感情却是专一的，不能原谅一丝一毫
"外敌"的入侵。你看看那些三心二意的人，哪一个最后不是机会尽失，后悔
莫及的。听从你的心，选择那个最爱、最合适的人，专心地爱一场吧。选择固
然会因机会的增加而增加，但也不是越多越好哦！

王丽是一个冰雪聪明、长相俊秀的女孩，大学里谈过恋爱，但毕业时因为
种种原因分手了。后来工作了之后，同一个单位的一个男同事对她有好感，另
外她们大学一个班的小张也时常向她放电，她妈妈单位的同事也看上了她，想
让她做儿媳妇。这可苦了王丽，该怎么办呢，这几个各有长处，她都感觉不
错。直接拒绝其他两个吧，有可能会后悔。后来王丽采用了一个万全之策，干
脆先和三个人都约会，不说定下谁，等观察一段时间再说。过了一段时间之
后，王丽分身乏术，其中两个男朋友都看出了她脚踩几只船。对于这样不专一
的女朋友，再喜欢也不能原谅，两个人都跟王丽说了拜拜。

王丽这下子傻眼了，只能匆匆忙忙的和那个没发现问题的男朋友继续交
往，然后结婚了，但是，这个人其实不是她真心喜欢的。

王丽的例子就是活生生的警告，就算你想要挑个好的，不想走错一步，那
么也必须要在一段时间专心的去了解和爱一个人。男人的嫉妒心都很强，更何

况爱情都是要讲究专一的。就算没有结婚，也需要认真地投入一段感情里面，这样才会知道什么人是你想要的，不要三心二意迷了眼睛，最后看也没看清楚就稀里糊涂，匆匆忙忙解决了婚姻大事。现在，就变得认真起来吧！

29．总想找个最好的，却成了"剩男"、"剩女"

"剩男"、"剩女"其实是一种文化，一种随社会发展而产生的新文化，同时，"剩男"、"剩女"也是一个新的词汇。到目前为止都没有明确的界限去定义它们，有的人认为超过 30 岁未婚的，或者没有再婚的，才能算"剩男"、"剩女"；也有的人认为，没有年龄的界限，只要是单身的都算"剩男"、"剩女"，因为现代人的恋爱年龄在变小，而结婚年龄却在变大。说句实话，这种现象的产生，都是因为要求太高，总是不着急，才会让你年复一年的耽误了自己的终身大事。

"我就想找个最好的，怎么办？"、"我不急，好的多得是"……这类话我们几乎每天都可以听到，但结果只有很少人能如愿以偿。

如果一味挑"最好的"，其结果就只能成为"剩男"、"剩女"了。看看下面的描述，你是在这个行列吗？

"剩女"也就是还没有步入婚姻围城的女人，这种女人，存在着三大问题。

1. 好胜倔强女

过于独立自主，让男人的自信和自尊受到了挑战；喜欢以自我为中心，不接受批评和相反的意见。

解决办法：不要把工作中的强势带到情感中来，掩盖了女人的温柔和体贴。要知道，女人的温柔如鞭子，会抽打着男人前进。要知道，世界不是以你为中心，用心考虑别人的需要，不要把自己的愿望强加给他人。少一点高傲，多一点虚心和谨慎，避免固执地争论。

2. 现实挑剔女

在日常生活中过于刻板，缺少情趣；过于看重金钱，甚至有些斤斤计较；对男人挑三拣四，容不得半点缺憾。

解决办法：要根据自身条件而不是理想去物色对象，学会发现别人的优点，爱他就要接受他的缺点，少一点吹毛求疵，多一点欣赏和赞美。男友不是给别人看的，扔掉那些攀比心理，放大生活视野，寻找生活乐趣。

3. 情伤深重女

有过刻骨铭心的初恋，但仍沉浸在其中不能自拔，心中总有前男友的影子在眼前做比较，对谁都漫不经心。

解决办法：爱情只有付出才能有回报，只有两颗心的碰撞才会迸出火花，从阴影中走出来，让一段新恋情的甜蜜滋润那颗受伤的心吧。世界上没有两片相同的叶子，盲目的比较只会错过一场美好的姻缘。

再说一说"剩男"，也就是还没有步入婚姻围城的男人。

先说说剩男的心思：

同年龄的不找：同龄的女人与年轻女孩相比，什么都懂了，没有小女孩的青春娇媚，相处起来让男人没有成就感。但比起40多岁的成熟女人，又少了包容和风情，青黄不接。

条件差的不选：找老婆可不是找情人，随随便便不行，怎么也得是拿得出手的。

相亲相到怕：相亲相了无数次，可一次比一次没感觉。

再说说剩男的三大问题：

1. 完美主义男

与同龄人相比，他们的学历、经济等条件均属上乘，称得上"钻石王老五"。可是他们往往怀着宁缺毋滥的心态，固执地寻觅着理想的"梦中情人"。

解决办法：爱情是需要感性的，而过分的理性、完全以各种现实条件来选择对象，会削弱美妙纯真的感觉。

2. 自由主义男

他们有一份稳定而高薪的工作，甚至有房有车，去钓鱼、去远游……享受着单身世界里的个人情趣。他们害怕失去一个人的空间，也不知道如何与另一个人亲密相处。

解决办法：单身有单身的自在，婚姻也有婚姻的快乐，可以问问周围已婚的朋友，克服对婚姻的恐惧。如果两个人沟通好了，婚后妻子也会同意你保留自己的爱好，也可以携妻子一起去。人生有许多必经的阶段，在每个阶段要做应该做的事情，该播种时播种，该结果时结果，这样才能品尝充实完整的人生感受。

3. 花心翩翩男

外表英俊潇洒或者优秀体贴的他们似乎很有女人缘，围绕在他们身边的女性众多，他们很享受也很擅长周旋于万花丛中，体验不同的爱情感受，自己选择保持这种单身的状态。

解决办法：有的人通过赚钱、通过掌握本领学识去实现自己的价值，而花心男士是在不断变换女友的过程中寻找自信，体现自己的魅力。俗话说，"弱水三千，只取一瓢饮"，花心男太贪心，同时也是其鉴别决策能力差的表现。要安定下来，先明确什么是自己的最爱，拿出承担家庭责任的勇气，才能够享受天伦之乐。

4. 徘徊犹豫男

有些男孩子条件也不差，学历也不低，收入也不少。有些人甚至是公司的老板，在单位里能独挡一面。曾经有很多机会摆在他们面前，然而，他们总是挑剔人家的身高、长相、学历等片面的东西，觉得这也不行，那也不行。然而等到自己年纪大了以后却觉得以前的女孩子很不错的。还有一种就是，觉得这个也好，那个也好，没有自己的主见。一会儿觉得这个女孩长得不好看，但个子很高，身材好；一会儿又觉得那个女孩身材不好，但性格好，学历高。这种男人没有主心骨；在徘徊中让自己的青春年华献给了空气。

解决方法：知道什么是自己真正需要的，时常注意女孩子的优点而不是缺点，你就会发现身边符合你的口味的女孩真不少。

接下来，我们需要对"剩男"、"剩女"进行一个大的分类：谈过恋爱的和未谈过恋爱的。看看这其中有没有你自己的影子，是不是应该采纳一下别人的建议，放低眼光，为步入婚姻殿堂先做好心理准备吧。

曾谈过恋爱却依然单身的，大致有以下几种情况：

1. 高低不就型

不要说我太挑剔，我只想要我满意。这种人，自身条件通常都不差，因此也不允许自己的另一半有瑕疵。但我们要知道，人无完人。

2. 命运作弄型

这种人，要么人家喜欢你，你不喜欢人家；要么你喜欢人家，人家不喜欢你。一来二去的年纪也就大了，就这么被"剩"下了。

3. 遇人不淑型

可怜的你，曾经在爱情的征途中遭遇重创，从此不能恢复，谈情色变，无奈之下只好看时光飞逝年华老去了。

未谈过恋爱的，也有几种情况：

1. 长不大型

属于家里的保护动物，身边的亲戚朋友太过宠爱，没有对另一半的需求。等到某天突然发现身边的朋友都成双入对了，才突然发觉原来就剩下自己了。

2. 恐婚型

或称社交恐惧型。这样的人都偏内向，跟陌生人说话都脸红，不敢跟陌生人说话，所以也没有结识更多的社交关系。

3. 霍去病型

这种人事业心强，把时间都扑在工作上或学习上，口号喊得跟霍去病一样："匈奴未灭，何以家为。"最后，把别人都吓跑了。

可行的解决办法：

1. 高低不就型

要有危机感，年纪越大，可选择的范围就越小，换句话说你就越贬值（通常指女性）。

终极建议：找个条件一般的，可靠的人结婚或交往，大小也是个伴。有人斗嘴好过独守空房。

2. 命运作弄型

"爱我的人为我付出一切，我却为我爱的人流泪心碎。"何必呢？跟爱你的人还是你爱的人结婚，永远都让人矛盾。

终极建议：找个爱你的人结婚。如果你觉得你有能力让你爱的人也爱你，那么为什么不能试着去改变自己去爱爱你的人呢？改变自己和改变别人，哪个更容易？

3. 遇人不淑型

一朝被蛇咬，十年怕井绳是你的典型写照。怎么解决？井绳扔到你面前，你就不怕它会咬你了。

终极建议：多看真实发生的感人爱情故事，多跟身边的和谐家庭取取经。生活没有那么可怕，好人还是比较多的。幸福就在转角处等着你。

对于未谈过恋爱的剩男剩女们，有个共同点，就是社交圈子太小，可供选择的交往对象缺乏，难以找到合适的另一半。

终极建议："走出去，请进来"是你们最好的摆脱目前状况的办法。"走出去"就是积极扩大生活圈，外面的世界和人物都是很精彩的。"请进来"就是敢于秀自己，勇于表现和表达。

30. 男人不是救世主，女孩要独立

有人说过，女人要独立，这不仅指物质金钱上的，还有精神上的。不要太依赖男友或老公，而且一定要对自己好！结婚后的女人要耐得住寂寞，因为老公不一定会像婚前一样细心的呵护你。一定要转移注意力，这种注意力，就是你的独立。无论是事业，还是思想，都需要跳出男人给的圈子，找到自己的精彩。只有这样，才能在得到爱情的时候，也得到自己。

女人，一定要在金钱上有独立能力，千万不要觉得找个有钱的男人，以后就能过上衣食无忧的好日子了。如果你在金钱上依赖男人，那这个男人在以后的日子里，就不会把你当回事，时间长了，你就会发现，你失去了你的个性，还有你的自尊心。要想不做让男人看不起的女人，你一定要独立，要活得有价值！女性独立，大致可以归纳为以下几点：

1. **经济独立**

特别是未婚女人，在经济上一定要独立，如果你一开始做不到独立的话，也许你的男友开始能够忍受，长期一来，再有耐性的男人也未必能谅解你。他会认为你一直依靠着他，不会轻易离开他，对你的态度自然而然就不如当初，因为他从这方面已经觉得自已占了上风，一旦你们感情有变，一切不容人说，我想你已心知肚明！对于已婚女人，虽然没有未婚那么大的危机感，但条件允许的情况下，最好自己能有份工作。如果长期靠丈夫来养家，在你的家庭里就失去了平等。小则小吵小闹，大则产生婚外情，甚至最后离婚。男人们都希望自己的老婆下得厨房，上得厅堂。所以女人们一定要经济独立，就是感情有变，自己也能适当处理，不会因经济不能独立而手忙脚乱。

2. **思想独立**

思想独立对于女人来说犹为重要。身为一个女人，思想不能独立，这说明你的行为也不能独立。因为思想决定行为嘛！人们常说，有思想的人会活得精彩，我想这句话是没有错的。假如你跟你男友在一起时，他问：我们今天去哪儿玩？你却答"随便"。他会认为你没有主见。一次二次也许他会接受，但久

而久之，我相信，没有哪个男人愿意带个不懂事的小孩子一起生活，他要找的是女朋友，不是女儿！所以女人在思想上，一定要独立，独具自己的个性，但要恰到好处，不可张扬。

3. 生活独立

女人在生活上一定要独立，不管是你的男友，亲人，还是朋友，都不希望与生活都不能独立的人长期相处，不要说现在这个社会过于现实，这是因为社会在进步，如果你一直停滞不前的话，我相信没有人会可怜你的。生活包括很多方面，比如最简单的家务。女人一定要会做家务，不管你在外面多么风光，你回家都需要扮演好自己的角色，就是妻子、母亲、女儿、女友。女人永远不要期望男人能帮你分担到多少的家务和生活琐事，他会认为女人连家里生活这点小事都处理不好，其他的更不用说了，人与人之间是相互的，长期下去，不用说，也知道是什么样的后果了。

看看一个女孩子的困境，你就知道不独立的女孩是多么可怜了。

小灵是个很内向的人，也很爱面子，她和男友的婚期是12月，但是到现在她男朋友都不肯和她去领结婚证，连她的老家都不肯回去。她男朋友总是流露出为了拿亲戚朋友的礼金所以才结婚的心思，小灵很彷徨。

刚开始她和她男朋友认识的时候，每个月都给他还公司的账，前前后后有8 000多元，后来她意识到了问题的严重性，才不给他钱用了。而她一个人省吃俭用，连件漂亮衣服都不肯给自己买。她说如果分手了就不会呆在这个城市了，可是回家去又能做什么呢？她才中学毕业，读了中专又没有证书的。她想去学会计，但是专心学习又不能养活自己了。她现在忽然觉得做女人好难呀，以前也听过同事讲过去老板娘的故事，没有钱靠放贷过日子，穿地摊牛仔裤，日子虽不算艰难，但是心理上却背负着很大的压力。

她第一次意识到一个女人要独立才能谈尊严，才能谈感情，否则就只能做别人的附属品，如果运气不好就只能做个累赘。她也在想，千万不能盲目结婚。但是她说的一句话更让人又气又恨又可怜。她说："如果他真的是为了拿礼金和我结婚，那我就成全他，结了婚我就走！"其实，这样的爱真的值得么？现在社会的爱情泛滥，爱情往往被搀杂了很多东西，但是要坚信，爱情是要有基础的，爱情也是平等的。女人必须要独立，不能过多的依赖对方，才可以在爱情中找到自己应有的位置。"

31. 不要一味痴情，你该考虑放弃了

男女在爱情心理上有很大的差异，男人是性爱动物，女人是感情动物。大多数男人是先性后爱，大多数女人则是先爱后性；表现在恋爱中，就是男人倾向于热烈而迅速地与女人建立肉体关系，女人则倾向于盲目而迅速地投入全部感情。李敖大师曾说：不爱那么多，只爱一点点。陷得太深，小心受伤了也不能自拔。除了爱情，还有生活啊。

女人一生的事业就是爱情，没有爱情就没有了婚姻、家庭乃至生活。可是男人的爱情则始终是一生最美丽的点缀，因为男人本质上是野生动物，总是以事业为重，所以很多男人为了事业，会放弃爱情，会不惜一切代价地丢弃爱情，这时候受伤的往往就是那个痴情的女人……卓文君之于司马相如，霍小玉之于李益，薛涛之于元稹，古往今来痴心女子负心汉的爱情悲剧总是在不停地上演：都说男人是泥，女人是水，在男人这片沙滩面前，女人总是不由自主地变成一道势不可挡的巨浪，迫不及待地冲过来，哪怕最后粉身碎骨，也执迷不悔。可是，有些男人却是"不明飞行物"，你永远把握不住他的轨迹和方向。倘若说，女人对男人的期望比物价涨得还快，男人对女人的感情就比股市变得还勤。

人世间，花心的男子总是相似的，痴情的女子则各有各的不幸：秦香莲满腹愁怨无人理睬，只好到处开"新闻发布会"揭穿前夫陈世美的种种劣迹；杜十娘面对负心汉来了个"怒沉百宝箱"，自己也投河自尽香消玉殒；《欲望号街车》里的半老徐娘布兰奇痴痴傻傻，疯疯癫癫，最后被冷血男人无情地送进了精神病院；《胭脂扣》里的妓女如花和多情公子十二少双双殉情，谁曾想自己变成了冤鬼，心上人却贪生怕死，苟活了下来——无论沧海变桑田，无论时光怎样流逝，感情始终是女人无法跨越的一道门槛，女人是水做的，在感情上女人永远是一清二白，干净透亮，但水至清则无鱼，人至察则无徒，碰上泥做的男人，水就会被泥污浊，泥却不会被水漂白。所以女人在感情上大都有"洁癖"，不容许一段干净的感情被玷污，在情感的角逐里，女人总是充当受

伤的猎物，而不是冷酷的枪手。或许，痴情不是一种罪过，但过分痴情就会变成一种自虐。有一些花心的男人，注定是女人的毒品，沾上了就要上瘾。从这个意义上来说，秦香莲、杜十娘也好，如花、布兰奇也罢，她们的爱情悲剧都在于轻易地就染上了花心男人的剧毒，进而无法自持，深陷泥足。

在传统小说和现实生活中，我们常常看到一些痴情女子就像裹足一样，忍着疼痛，将自己束缚在一段狭隘的爱情里，一辈子也不肯变，也不后悔。不管那男人是否有妻室，不管相爱是否有结果，定要默默地、死死地缠住他。她们以为那是忠贞，是痴情。她们总是丢不下最初的那个谎言，仅仅因为这个谎言美丽而动听，她们不愿从梦中醒来而看到现实的丑陋。她们好像吸食了毒品一样迷失了自己找不到生活的方向。然而，当你不计钱财，不要名分，也不管世俗伦理，越是不能爱、不该爱的，越要去爱的时候，你想过没有，你的低三下四和不断乞求和哀怨，只会让那个男人离你越远，只会让你失去自我和尊严。男人就是这样一种人，你越高贵他越在乎，你越难以企及他越奋不顾身，你如果低下高贵的头颅，他反倒不屑一顾。

尊严和大度，自古以来就是女人难得的品质。这里，要特别提到一个女人，一个奇女子——唐代的名妓薛涛。

生活在中唐时期的薛涛不仅有绝色的姿容，还有绝世的才情，她的才情美貌曾名动蜀中，父母官韦皋听说她诗文出众，就把她召到府中，要她即席赋诗，小女子眼波流转间一首七律脱口而出，其中"惆怅庙前多少柳，春来空斗画眉长"更引来见多识广的韦皋的声声喝彩，曾为宰相的李德裕在出任剑南节度使的时候，也慕名而来，她和李德裕饮酒作对，还写出了"诸将莫贪羌族马，最高层处见边头"这样见地深远，意境雄浑的边塞诗，让一代名相讶异于这个风尘女子美色之外的眼界胸襟。她和著名诗人元稹之间的交往有口皆碑，她写给如意郎君的一首《池上双鸟》充满浓情蜜意："双栖绿池上，朝暮共飞还。更忙将趋日，同心莲叶间。"但薛涛不是霍小玉，她曾经想和元稹比翼双飞，一旦心知对方只愿曾经拥有，不想天长地久，反倒坦然面对，不再死死纠缠，而是就此放手。相聚无非一个缘字，有缘自当珍惜，无缘不必强求，又何必恩恩怨怨反复纠缠呢？此时，一个旷世名妓的宽广胸怀让人不由得心生敬意！

问世间情为何物，直叫人生死相许。这话多半是指女人，男人也并非都无情，只是他们表达方式不同。痴情并不是错，错的是你在不该痴情的时候痴情，对不应该痴情的人痴情，令你所有的痴情，只成一厢情愿，自作自受。到头来竹篮打水一场空，赔了青春，赔了感情。痴情的人其实是自私的，你爱别人，未必别人也爱你，对于不爱你的人，谁稀罕你的痴情，别用你一厢情愿的痴情折磨人家，让人倍感窒息，该放手时就放手。飞蛾扑火，死缠烂打，除了丢掉自尊，伤了自己，别无所获。

爱一个男人，只需要付出八分感情就行了，爱得有自我的女人才最有魅力。

女人不能太痴情了，痴情反而容易使自己受到伤害，自己吃的苦也只能自己来咽下去。比起古时候薛涛懂得放手的情怀，现在有些女孩子却做不到。

她叫甜甜，家里人起这个名字也是为了让她一辈子甜甜蜜蜜。可是没想到在蜜罐中长大的她在选择老公方面却栽了一个大跟头。她的工作本身就很好，第一次谈朋友，就被他的外貌所吸引，经过长时间的接触以后，甜甜的父母觉得这个男孩子徒长了一个外表，处事等各方面都不怎么样，就不同意这门亲事，可是女儿铁了心要嫁，没有办法，家长只好同意。婆家条件一般，而且婆婆是铁公鸡一毛不拔，结婚的时候酒席钱都是女方家里出的，到头来收的红包却都被婆家拿走了，气坏了甜甜的父母。她们不知道红包的份量甚至不知道应该怎么给别人回礼。

本来女方都给孩子准备好了婚房，因为女婿在她们家的表现实在是糟糕，连基本的礼貌都没有，所以甜甜父母一生气，把婚房给卖了，就让他们在男方家里不成套的一个小房子里结婚。一年后，孩子出生了，孩子黄疸很厉害，而甜甜生产后也发烧，医生让甜甜先出院孩子留在医院治疗，这下婆家不干了，去甜甜那里大吵大闹，说就是死也要在医院陪孩子，甜甜妈妈说孕妇也需要休息呀，再说这是医生提议的，对两方都好，但婆家那边就是不同意，甜甜一个劲的哭，整个月子也没坐好，她的老公却连管都没管就这么过去了。其实，在甜甜怀孕的后期就有个女人来找她，说她老公不爱她，要她赶快离婚，她老公现在和她在一起呢，因为甜甜一直深爱她老公就对父母隐瞒了这件事，直到那个女人找到了甜甜父母住的小区并在楼下大哭大闹，保安通知了甜甜父母，他们才知道，面子也让闺女丢尽了，而且这时候甜甜才告诉父母，结婚一年多她的工资全贴给了婆婆家，老公也一分没拿回来，都养外面的女人了。现在她老公要和甜甜离婚，甜甜落得到处不是人，可是这又能怪谁呢？

女人可以没有金钱，但不能没有尊严，可以没有爱情，但不能失去自我。

女人高贵的资本就是自尊！女人千万不要牺牲自尊来拯救爱情。否则，你和他的关系成不了罗密欧与朱丽叶，反倒变成了农夫和蛇，你眼中的忠贞和痴情在这种薄情的男人眼中成了一项可以炫耀的资本。

尊严是女人内在的颜容，女人失去了尊严，就等于没有了灵魂，没有自尊的死守一段感情，注定被男人踩在脚下；没有自尊的哀求一个男人，注定被男人视为低贱而不去珍惜。

32. 婚姻需"硬件"，要结婚男人需努力

所谓结婚的"硬件"，就是诸如房屋、家具之内的必需品，它是在结婚时不可缺少的主要内容。时代在进步，结婚进行曲也在不断变奏着。人们对结婚"硬件"的选择，既间接体现一个时代的社会风尚与价值观的选择，同时也体现了人们生活质量的变迁。

在婚姻中，"软件"当属于双方对彼此的忠诚，是婚姻的框架。无此，婚姻大厦就会轰然倒塌。不管双方是否会选择离婚，这种婚姻在内容上已经解体了。婚姻"软件"固然重要，但也不能缺少"硬件"，否则婚姻只能是在想象当中进行。

各个年代结婚"硬件"都在不断变迁，而结婚"硬件"在变迁中演绎了各个时代的时尚新潮。

先来说说一件有趣的事情，那就是各个年代结婚"硬件"的变迁。

上世纪50年代到60年代的结婚"硬件"：一房、一桌、一厨。

在当时，因为刚刚解放，农村男女婚姻主要是依靠媒婆从中牵线，据不少老年人回忆，当时绝大多数男女双方在结婚前都没有见过面，姓李姓张都弄不清楚，全凭媒婆说。媒婆凭着三寸不烂之舌，把男女双方的"八字"拿去找算命先生一合，就定下了某月某日结婚的日子。只有在结婚那天入了洞房，男女双方才知道对方的长相、高矮，是典型的"先结婚后恋爱"。当时由于刚刚解放，贫困户也较多，但结婚是绝对少不了一间房子和一间烧锅煮饭用的厨房的，而床铺、桌子、被盖等则由女方置办。结婚办酒席也相当简单，最多几桌人，不到20元钱。那个年代，除非特别贫困，一般的贫下中农的子女是不与地主、富农的子女结婚的，主要是"怕立场不稳、搞阶级调合"而影响后代参军上学。人情钱大多是送几斤米或两把面。

70年代的结婚"硬件"：架子床、闹钟、收音机。

70年代，"农业学大寨"在全国农村开展，刚刚过了"三年自然灾害"的农民，生活水平与五六十年代相比也有所提高，自由恋爱的也多了起来，结婚

"硬件"也逐渐升级了。女方一要看男方家里粮食够不够吃，二要看住房是草房还是瓦房（最好是砖瓦房）。以上两条基本条件符合后，架子床、闹钟（最好是手表）、晶体管收音机等物品，就成了结婚用的"硬件"，而一场婚礼的花费最高的也不过200元。架子床虽说还是铺的谷草，但比以前的竹笆床要宽敞些不说，样子又好看，也便于挂蚊帐；而闹钟因为在那"出工一条龙、收工一窝蜂"的年代为了准确掌握时间，特别是有手表的人，更是一种身份象征；而用电池做电源的晶体收音机主要是为了业余消愁解闷，也算是有生活质量了吧。

80年代和90年代结婚"硬件"：楼房、床垫、彩色电视机

实行包产到户后，改革开放的春风吹绿了大江南北。天还是那个天，地还是那些地，人还是那些人，同样的土地所产的粮食反而比以前成倍增长，大批青壮年走出家门到外务工，当上了第一代打工仔。当不少青年人走出山沟经风雨见世面后，婚恋观念也发生了巨大的变化，自由恋爱的更多了。对于结婚的"硬件"，绝大多数是少不了砖瓦楼房、名牌床垫、组合柜、彩色电视机、VCD等必需品的。80年代定亲时，男方大多是给女方送一套新服装、另加1200元钱，一场婚礼（加修楼房、办家具的一切）最多3万余元。之后的90年代，人民生活"芝麻开花节节高"，家庭建设又向新的现代化目标迈进，大件又变成了空调、音响、录像机、傻瓜相机。男方准备金戒指、金耳环、金项链等一些首饰，房子还要装修合适，请客多则几十桌、少则十来桌，所有的花费下来，一般不少于10来万元。人情钱一般是50～100元。

21世纪结婚的"硬件"：房子要套间、车子要新颖、票子至少10万

进入21世纪，就到了第一代打工仔的子女们跨入婚恋的行列，消费观念自然比父母超前。"房子要套间、最好在城里面；车子要新颖的，最好是进口的；银行有存款，10万少不了的；家中电气化、一样不能少"就是这些人的真实写照。婚礼也比上世纪90年代以前排场多了，即使在农村，一场婚礼至少也要办20桌酒席，以平均每桌250元来计也要5000余元，还没有算车费。如此算下来，包括修房子、购家具、买电器等等开支，一场婚礼哪怕简单点也要近20万元。人情钱100元就不好意思拿出手了，至少要200元。

怎么样，看到这些硬件越变越高级，你是不是有点害怕结婚了？要是你是个有责任感的人，就要停止害怕，加油去挣啦！

在谈婚论嫁甚是谈恋爱的时候，很多人都会提出对对方硬件的一些要求，在与很多人沟通和对社会生活产生一些理解后，我反而能坦然地看待面对这种

情况了。

按马斯洛的需求层次理论来说，社会和爱的需求是处在第三位，生存和安全是人们首要考虑的，与爱处于同一需求层次的社会认同的需求也同样需要物质的支撑，所以结婚时对硬件的一些要求也实不为过了。也许你会说他自己要满足这些需求不会依靠自己吗？答案当然是肯定的。可是就像商品一样，有的人是因为喜欢宝马的驾驶乐趣才去买宝马，有的人是因为其社会地位需要衬托才买的宝马……婚姻也是同样的道理，有的人希望同自己心爱的人携手到老，有的人在考虑恋爱的同时也实际地考虑其在诸如房子、车子的需要，有的人的结婚初衷干脆就是选择一种社会生活的层级。并且这些要求提的也很清楚，对方也知道动机情况。如果理想化地一棍子打死，又怎能上演"男人通过征服世界来征服女人，女人通过征服男人来征服世界"这样精彩的戏呢？

行为必然有结果，选择决定目标，只要坦诚就无可厚非，选择适合自己的方式就好。我们不能以自己的看法去要求别人，这是不合理的。除了负面的、破害性的方式，我们对社会的各种形式应该有足够的宽容，毕竟社会生活不能是标准化的，多样化是社会生活的现实，世界也正因此而精彩！

套用一个热播电视剧里的话来说，"这些硬件，不是生活的奢侈品，而是生活的必需品！"而这一切，请男人们主动承担起来吧！现在有少部分年轻男人，在他们身上很多本应该属于男人的气度和担当不见了。他们面对问题畏畏缩缩，害怕责任，害怕担当，在利益面前斤斤计较，小肚鸡肠，对自己的行为不负责任，面对矛盾不敢面对，逃避问题的存在，不能真实的面对自己，虚伪、懦弱、没有承认自己的勇气，甚至会把自己的生活搞得混乱不堪。

对于一个家庭来说，男人是天，是家中的一缕阳光；男人是家中的顶梁柱，顶天立地，为家撑起一片天；男人是伞，是所有亲人最安全的保护伞，为亲人遮风挡雨，是家人的安全保障。在孩子心中，作为父亲的你，是勇敢、是安全、是力量、是智慧的象征。对于妻子来说，有了你就有了安全，有了你就有了一份支撑……

你不需要有强健的体格、魁梧的身材，也不要求你拥有万贯家财，只要你真实，对自己、对家庭有一份责任心，有一份勇于担当的勇气，有着博大宽厚的胸襟，不趋炎附势、敢作敢当、有面对问题，解决问题的智慧与勇气，有面对与承认真实自己的勇气与气度，就已经非常优秀了。所以，废话少说，加油挣钱，给妻儿最基本的快乐生活吧。男人是山，女人是水，学会担当，也不枉为男人一生。

第六章

把『抱怨的世界』甩得远远的

年轻的你，是不是最讨厌听见别人说："现在的年轻人啊，身在福中不知福。"先收起你不耐烦的心，想想自己是不是真的有这样的毛病呢？其实，几乎所有的年轻人都会有这样的毛病，这也不对，那也不满。奉劝你一句，停止抱怨，语言永远没有行动来得实际。想想怎么好好去改变一下现状吧！

33. 抱怨不会让事情发生改变

《天地一沙鸥》的作者李察·巴哈曾写下一则简单深刻的真理："同类相吸。"相似的人，无论是同样在抱怨、或是同样感恩的人，都会彼此相吸；不相似的人，则会互相排斥。我们都是能量的生物，而振动频率不同的能量，是无法协调、交融的。所以，当你抱怨时，其实是在排斥自己指名想要的东西；你的抱怨会推开、驱逐你说你想要的东西。

优秀的人从来不抱怨，不抱怨会让人更快乐。

放眼当今世界，经济飞速发展，社会稳步前进，人们的需求越来越高，生活压力也日益增大，于是在我们的生活中就出现了种种抱怨的声音。

老板抱怨员工的工作效率太低，于是拼命的增加工人的工作时间及工作量；员工抱怨老板太小气给出的工资太低，于是想尽办法的偷工减料；这样的后果是什么呢？我们不难想象。这样的事例在我们日常生活中也比比皆是。现在教师的教学压力非常大，尤其是在教学质量上要求非常的严格，虽然国家对教师的工资进行了大幅度的调整，但是我们依然会听见不停的抱怨声；而学生的学习压力更是大，他们一边要面对老师的压力，一边要面对父母的压力，还要给自己一个交代，于是抱怨声音就出现了，甚至还出现过自杀的事件。在现代都市的婚姻家庭生活中，抱怨声音更是多如牛毛，夫妻间往往是刚结婚时还很新鲜，随着无情现实的出现，慢慢地热度也就降了下来，出现了抱怨的声音。丈夫抱怨妻子不再温柔、体贴、贤淑；而妻子则抱怨丈夫不再浪漫、热情、潇洒。于是无休止的争吵产生了，家已不再有往日的温馨，昔日的爱情热度也从沸腾点降到了冰点。

有一群每周都举行"互相扶持"聚会的好姐妹，她们的"扶持"方式，主要就是抱怨男人。她们最喜爱的话题就是："男人很自私"、"男人不要承诺"、"不能相信男人"。毋庸置疑，这些女人没有一个能和男人维持健康幸福的关系。她们想不想要和谐的关系？当然想。但是通过抱怨，她们却向外发送了"男人不好"的振动能量，使得"好男人"都不会在她们的生活里出现。

她们用自己的抱怨，创造了这样的现实。

卡缪在《异乡人》里写道："仰望灰暗的天空，闪烁着星座与星辰，头一回，我的心向宇宙善意的冷漠敞开。"宇宙是善意的冷漠。宇宙——或神，或灵，或无论你如何称呼，都是善意（好）的，却也是冷漠（不在乎）的。宇宙不在乎你是否用话语呈现思维的力量，为自己呼求爱、健康、快乐、丰盛、平安，或为自己引来痛楚、苦难、悲惨、孤单、贫穷。我们的想法创造我们的世界，我们的话语又表明了我们的想法。当我们用消弭抱怨来控制言语时，我们就能主动创造生活，引发我们渴望的结果。

改变自己说的话。不要再抱怨。改变你的言语，改变你的思维，你就能改变自己的人生。当你抱怨时，你的潜意识就散发出一种吸引你所抱怨的东西的态度。然后你抱怨这些新事物，又引来更多不要的东西。你陷入了"抱怨轮回"：表露抱怨、招致抱怨；表露抱怨、招致抱怨；表露抱怨……就这样一直反复延续，永无休止。

在我们的生活中抱怨的声音无处不在，难道我们就没有解决的方法吗？就拿我们的婚姻家庭生活来说吧，只要夫妻之间能够做到相互理解、相互关爱、相互尊重、相互体贴就不会有那么多的失败婚姻了。有人说婚姻是栽花种草，需要夫妻俩共同浇灌才会四季如花，也有人说家庭是块自留地，需要夫妻共同来耕耘，这样才会种瓜得瓜；只要两心相依就没有不长久的婚姻，虽然要做到这些有一定的难度，但是试问一下，你努力吗？

生活中不应该有抱怨的声音，有没完没了的抱怨还不如保持一个积极向上，乐观，勇敢的心态，过好人生的每一天。

34. 不是所有的事情都让你满意

　　人见人爱的白雪公主，也会有讨厌的后母在怨恨她。享尽荣华富贵的大家子弟，也会面对没有自我的痛苦。人生不会一帆风顺，更不会任何事情都让你满意。这个时候，就需要停止抱怨，对生活怀有感恩之心。对生活怀有感恩之心的人即使遇到了灾难，也能平安度过；而那些喜欢抱怨的人，即使遇上的是福，也会变成祸。

　　备受关注的"富二代飙车案"逐渐平息后，由此引起的"富二代"问题却依然没有被解决。部分年轻人想不通，于是在网上抛出很极端的说法，他们抱怨自己为什么无权无势，而为什么有的人却生来就拥有一切。在这里要劝诫这些生活在抱怨中的年轻人：做人不要生活在抱怨中。

　　在烦恼失意中抱怨，等于坐以待毙。聪明的人不会去抱怨，他选择的是行动。抱怨除了使嘴巴一时痛快之外，什么作用都没有，相反，还会让人越来越消沉。

　　黑龙江有一个农家子弟，患了严重的肌无力，只上过一天学，整日躺在病床上，抬一下头都困难。但是这个男孩并没有抱怨，他坚强地自学，最后写成了一部几十万字的书《假如让我行走三天》，在全国引起轰动。很多素不相识的人都向他伸出了援助之手，坚定了他的生命之路。

　　不抱怨的人，都是心胸开阔的人，他们始终对生活怀着一颗感恩的心，虽然有时候生活对他们并不公平。一个身处逆境之中的贫困少年，尚且不用抱怨去解答人生，何况，只是在生活中遇到了一点小小的挫折的我们。

　　我们活在世上，在享受欢乐的同时，一定也会面对艰难困苦，很多人都和我们一样。当我们成年之后，可能在某一天忽然发现，以前学习不如我们的同学过上了非常富裕的日子。这个时候，有的人会抱怨命运的不公，没有给他机遇，其实，他只是看到了人家华美的表面。人家奋斗的时候，人家流汗的时候，他都没有看见。不可能人人都比你弱，不可能人人都一成不变，不可能好事只让你一个人占。想拥有的比别人更多吗？自己去做好了，何必抱怨呢？

《你的误区》一书中说:"抱怨、责怪徒劳无益。你可以尽情地抱怨别人,拼命地责怪他们,但不会对自己有任何帮助。抱怨的唯一作用是为自己开脱,把自己情绪的不快或消沉归咎于其他的人或事。然而,抱怨本身是一种愚蠢的行为。"

其实,有的时候命运并不是厚待了谁、偏爱了谁,只不过有的人努力,所以他走在了前面,这个时候你去抱怨命运的不公,显然就有些幼稚。机会是均等的,你只能更好地去做,抱怨只是浪费时间而已。

35. 总觉得周围人在说你的坏话

偶尔看到同事在你身边嘀咕，你是不是常常怀疑他们在谈论你呢？省省心吧，你没那么引人注目的。再说，如果他们真的是在谈论你，你又有什么损失呢？年轻人最需要学习的，就是大度、潇洒，对不重要的事情不屑一顾。要给自己一个充分自由的空间，不要总是疑神疑鬼，不要总是觉得周围的人在说你的坏话，这样才不会感觉累。

要调整好自己的心态，不要总是怀疑别人在说你的坏话。阻止怀疑的第一步，就是要学会与周围人相处，提高自己的亲和力。一个道德品质低下，人品低劣的人绝对不会拥有好人缘的。俗话说：物以类聚、人以群分。一个正常的人，谁愿意与人品低下的人为伍呢？所以，人品好坏是决定人缘好坏的决定性因素，当然，我们还必须掌握一些交际艺术。

首先，必须确立一个观念：和为贵。

在中国的处世哲学中，中庸之道被奉为经典之道，中庸之道的精华之处就是"以和为贵"。同事作为你工作中的伙伴，难免有利益上的或其他方面的冲突，处理这些矛盾的时候，你第一个想到的解决方法应该是和解。毕竟，同处一个屋檐下，抬头不见低头见，如果让任何一个人破坏了你的心情，说不定将来吃亏的是你，而不是别人。与同事和睦相处，在上司眼中，你的分量将又会上一个台阶，因为人际关系的和谐处理不仅仅是一种生存的需要，更是工作和生活上的需要。

同时，我们还必须记住一句话："君子之交淡如水"。

大家在同一个公司里工作，远近亲疏自然是存在的。问题的关键就在于应该如何处理这"远近亲疏"的关系。

我们可以回想一下，平常我们容易对哪些人产生意见。其实我们并不会对谁与谁关系密切，谁与谁关系疏远而产生什么异议，因为对于我们自己来讲，也存在着这种问题。但是当我们发现，这种远近亲疏的关系开始因为共同的利益而扩大化，甚至出现了营私舞弊、相互倾轧的时候，就要开始小心了。

这种状况是一个优秀团队内部的大忌，甚至可以说是一个团队瓦解分化的开端，甚至导致整个团队的瘫痪。

为了避免这样的事情发生，我们要做的就是控制好与同事之间远近亲疏的关系。我们应该这样想：无论你与一个同事的关系是亲还是疏，这都是你们私人之间的关系，这种关系是工作以外的关系，不应该对你们的工作产生任何的影响。

道理虽然很简单，但实际上人与人之间的感情并非如书面上所描述的那般容易控制。尽管你的心里明明白白地知道："我一定不能把私人关系带到工作中来。"但是更多的时候，很多行为都是个人喜恶的自然流露，连你自己都感觉不到。那么，照这样说来，究竟应该怎么办呢？最好的办法莫过于"君子之交淡如水"。

还有很重要的一点，就是必须学会尊重同事，要尽量避免与同事产生矛盾。

在人际交往中，你待人的态度往往决定了别人对你的态度，因此，你若想获取他人的好感和尊重，必须首先尊重他人。

同事与你在一个单位中工作，几乎每天见面，彼此之间免不了会有各种各样鸡毛蒜皮的事情发生，各人的性格、脾气秉性、优点和缺点也暴露得比较明显，行为上的缺点和性格上的弱点暴露得多了，就会引出各种各样的瓜葛、冲突。这种瓜葛和冲突有些是表面的，有些是深层的，有些是公开的，有些是隐蔽的，种种的不愉快交织在一起，便会引发各种矛盾。

同事之间有了矛盾，仍然可以来往。任何同事之间的意见往往都是起源于一些具体的事件，并不涉及个人的其他方面。事情过去之后，这种冲突和矛盾可能会由于人们思维的惯性而延续一段时间，但时间长了，也会逐渐淡忘。所以，不要因为过去的小意见而耿耿于怀。只要你大大方方，不把过去的事当一回事，对方也会以同样豁达的态度对待你。

还有，不要期望周围所有人都喜欢你，那是不可能的，让大多数人不讨厌就是成功的表现。

1. 学会用幽默的语言轻松地和周围的人聊天，和各种性格的人聊天。

2. 如果碰见一些不懂装懂的人瞎侃时，不要和他争辩或试图去纠正他，没有必要。

3. 有人在你面前说某人坏话时，你只是微笑。

4. 对于自己的缺点要坦然承认，不要为自己的过错找理由，对于别人的缺点能不说就不要说，别人的过错要宽容原谅。

5. 如果你不是真的在某方面很擅长，就不要不懂装懂。

6. 遇到对方很擅长的话题。不要吝啬赞美的语言，但千万注意实际和真诚！

7. 坚持在背后说别人好话，别担心好话传不到当事人的耳朵里。

8. 把赞美的话挂在嘴边，适时就说。多说好话总是没错的，哪怕不说也不要说别人坏话！

9. 为每一位上台的人鼓掌。

10. 学会说你好、上午好、下午好、晚安！

11. 尊重传达室里的师傅及搞卫生的阿姨。

12. 同事生病时，去探望他。很自然地坐在他病床上，回家再认真洗手。

13. 有时要明知故问：你的钻戒很贵吧！有时，即使想问也不能问，比如：你多大了？

14. 过节的时候记着给别人发短信，哪怕是普通的朋友也不要吝啬那一毛钱，借任何机会广交朋友！

36. 抱怨不会变漂亮

上苍为你关上一扇门的同时，也会替你打开一扇窗。努力装饰自己的窗子吧，让它光照四方，让它带你走向人生的辉煌。

你也许小眼睛、塌鼻子、厚嘴唇，身材也没那么"魔鬼"，脸蛋也没那么天使。但是，如果你再整天愁眉苦脸的抱怨，那可真的把自己变成"丑女"了。真正的美女，就是那种灿烂的微笑着，对一切都乐观面对的人。记住，不管你长得怎么样，笑起来，就是最美的！

我们常会听到身边的人说：唉，我长得太丑，没办法；或者是成天抱怨，我爸妈怎么搞的，把我生得这么丑，我什么都做不了……

其实上面的种种抱怨是没有任何价值的。你绝不会因抱怨就变得漂亮。微笑起来吧，努力发现自己的优势和长处。

读过几米的这篇文章吗：风轻柔地吹散阴影，小鸟轻松地衔走云朵。微风做到的，我未必能做到；小鸟可以做到的，我未必能做到。每一个人都有自己的优势，各显其能才会将坏事变好，好事更好。所以，发现自己的长处是重要的，也是必要的。

韩寒上高中时，是个名副其实的坏孩子。他叛逆、谈恋爱、考试七科不合格。他明白学习并不是他的长处，于是开始从文学方面发展自己，先后发表了《零下一度》和《三重门》。他成功了，没有人再看不起他，也没有人再回过头来计较他的学习成绩。

假使韩寒没有发现自己的才能，也许他此时已成为一个普普通通的人。

出生于湖南平江的李艳红是一个丑陋并且笨手笨脚的女孩子，连母亲也讨厌她。她几乎对生活失去了希望。有一天，她发现自己并不是一坨废物，她建了一个垃圾站，经过不断的努力，她成了"垃圾大王"。她终于明白自己就像是半截火柴，只要点上火，同样会发出光芒与热量。

世界上没有绝对的废物，只要找到勇敢出击的突破口，谁都是可用之材。

当然，并非发现自己的才能与天赋就会成功，向着对的方向努力，才会收获更多。

大多数人都以为他们知道自己擅长什么。其实不然，更多的时候，人们只知道自己不擅长什么——即便是在这一点上，人们也往往认识不清。然而，一个人要有所作为，只能靠发挥自己的长处，从事自己不太擅长的工作是无法取得更大的成就的。

你可以生得不漂亮，但是一定要活得漂亮。无论什么时候，渊博的知识、良好的修养、文明的举止、优雅的谈吐、博大的胸怀，以及一颗充满爱的心灵，一定可以让一个人活得足够漂亮。活得漂亮，就是活出一种精神、一种品位、一份至真至性的精彩。一个人只要不自暴自弃，没有谁可以阻碍你进步。

许多人总是抱怨自己长得不好看，其实不用老是抱怨，要有自信。如果你真的想从丑小鸭变成白天鹅，就从下面几条开始做起吧。

1. 想象自己是最漂亮的人，不要老担心自己样子不好看，一定要神情放松，充满自信。

2. 站直、挺直腰背，那么长腿、臀部曲线自然会出来，表情也会随着神采奕奕。

3. 微笑是最上镜的表情，保持微笑，就是保持一个好心情。

37. 不和别人比富有

你身边或许有不少人常抱怨别人比自己富裕,别人是富翁,自己则是穷光蛋。多少钱才算是富翁?一百万、一千万、一亿?富有的概念是相对的。在富有这个概念上,大家应该保持一种平衡的心态,而不是一定要比出个高下,比得头破血流,比得妻离子散,比得众叛亲离,比得你死我活。

作为年轻人,事业刚刚起步,最需要明白的一点就是"人比人,气死人"。不要老是看见人家手里的钱就眼红,觉得自己不富裕。其实,富裕是没有标准的。过好现在所有的一切,你就是最幸福的、最大的富翁。

当你刚刚开始赚钱时,你的理想是除了吃饭,能稍有节余,好买一套时装或几本好书;后来你终于有了存款,又希望它们达到4位数、5位数、6位数,最好无限多;有了彩电、冰箱,你还想有汽车、股票,还想当个法人代表。你其实心里很清楚,钱永远不够多,你会永远感到不满足,感到压力巨大。

不是钱太少,而是人的欲望永无止境!欲望就像传说中的红舞鞋,一旦套上,你就被它紧紧攫住,狂舞不止,直到生命耗尽。人生无限,欲望无限,在一个物质的世界,要支撑这些昂贵的欲望,你就得拼命挣钱,结果就成了钱的奴隶,让另一些生活环节无处生根。对于生命来说,到底什么是最重要的?或许只有当你年老了,垂暮了,快要告别人世了,你心如和风,拂过一生的回忆,才知道什么是人生中最宝贵的东西。

严格说来,"够了"以外就是多余,你为这些多余的东西拼命奔波,你对世界的美丽熟视无睹,你错过了爱,错过了能让你心灵丰满的机会,你就是与生命为敌,与幸福为敌,你就是在对自己犯罪。

生活简单就是幸福,欲望少一些,自由多一些,过自己的生活,不要和人去比!

这就告诉我们,人是不应该在比较的天平上晃荡的。在比较中生活,我们就会增添许多的烦恼、痛苦、忧愁;却失去了许多的平静、自在、惬意和快乐。

朋友们在一起聚会，聊天，常常会带来许多意外的信息：谁又升官了，谁又发财了；谁出国旅游了，谁买小车了；谁又搬新家了，谁的孩子留洋了……这样的信息强烈地冲击着我们的心灵，使我们认为自己一直没有好的发展，好像明媚的阳光总是照耀在别人的身上，而阴冷的浓雾总是缠绕在自己的周围；幸运女神总是青睐别人，而不幸总是纠缠自己；鲜花总对别人微笑，而荆棘总在自己脚下。

其实，我们有时候看到或是听到的，只是表面的东西，而在每个人的背后，都有许多鲜为人知的故事。我们只看到学子的金榜题名，而忽视了他们付出的艰辛；只看到运动员头戴桂冠的辉煌，而忽视了他们平日里抛洒的汗水；只看到成功者灿烂的笑脸，而忽视了他们一次又一次从失败中爬起来的毅力；只看到当权者头顶的乌纱，而忽视了他们付出的代价；只看到别人眼前享受的一切，而忽视了别人的智慧、能力和付出的努力……我们可以问问自己：别人所做的，我们能做到吗？别人付出的，我们能付出吗？别人坚持的，我们能坚持吗？别人能吃那样的苦，受那样的累，我们行吗？

各人的心境不一，各人的环境不一，各人的追求不一，各人的观念不一。拥有自我，但不囿于自我，何必要与别人攀比呢？

在一个多年的同学会上，阔别多年的同学们相见，格外亲热。十几年的沧桑，让每个人都变化了许多。当初青葱岁月的痕迹荡然无存，而成熟、稳重、宁静沉淀在每个人的脸上。当然，时光也毫不留情地在每个人脸上刻印上了皱纹，让大家不得不感慨：岁月无敌！

握手、拥抱、泪流，同学们诉说着别离后的想念，回忆着在母校美好的时光，一切的一切，在同学们的诉说中，瞬间鲜活记忆，感慨万千。

这次聚会是由张诚发起的，他承担了这次聚会的所有费用。当初在大学的时候，他是那样的普通。毕业后，他没有从事教育行业，而是凭着父亲的关系，进入了机关，后来辞职做起了房地产，现在是一家房地产总经理。事业的成功，春风得意洋溢在他的脸上，大家真诚地向他祝贺，并为他这次提供朋友团聚的机会表示感谢。

酒席间，同学们说着各自的生活，家庭，工作等，开心畅谈。当我们敬完酒离开的时候，在坐的一位女同学感慨道："看人家张诚，要钱有钱，要势有势，真让人羡慕。唉，这个社会，人比人，气死人那。"然后，她手举酒杯，来到张诚面前，为张诚单独敬酒，不停地赞美着张诚，那语气，那神态，不时流露出巴结献媚之意。张诚则热情邀请这位女同学前往他所在的城市去游玩，那位女同学则兴高采烈地答应着一定前往。在别的同学口中，大家了解到，这位女同学的老公曾经也是一个小领导，由于犯了错误而被单位开除。后来，她老公在某单位谋了一个工资、待遇都不高的职位。较低的收入，满足不了这位美女同学吃喝穿用的高昂费用。于是乎，争吵，战争时时在他们夫妻之间展开。

　　虽然我不富有，但是我很快乐。在这个世界上，有许多东西金钱买不到。人生短暂几十年，为名而累，为财而困，都是不值得的。平平安安的日子真的很珍贵，这短短的行程，千万别让心走得太累，所以，让自己轻松快乐一些吧，别让名与利的枷锁紧紧缠身，别再拒绝平平淡淡的生活。不羡慕别人的富有，只珍惜现在的拥有。以快乐的心态，走完人生的旅程。

38. 不是每个老板都让你喜欢

老板喜欢让人加班？老板太吝啬不给加工资？要是你还常常人前人后地抱怨，那就拜托你闭嘴吧。你不可能喜欢每个人，也不可能喜欢每个老板。更何况，你有什么权利来说你的上司呢？不要太在意，专心做好工作，说不定有一天，就"守得云开见月明"了呢。

在职场中，很多人会抱怨自己的老板这不好，那不好，不喜欢什么什么样的老板等。正如一句名言所说：不能改变别人，就改变自己；不能改变世界，就改变自己看世界的态度。改变自己要比改变别人容易得多，改变世界观比改变世界容易得多。但改变不是一味的迎合，甚或苟合，而是一种权变，一种化曲为直的策略。

不少人在遭遇职场不顺时，常常怨天尤人、忿忿不平，却很少从自己身上找原因。其实，如果站在别人的角度上来看自己，思维方法会截然不同，其结果也可能大相径庭。

英国律师乔治·罗拿在二次大战时逃到瑞典，当时他身无分文。因为他写作水平不错，便想找个贸易公司的翻译工作借以糊口。但是几乎所有的公司都寄来相似的回函："正值战争之际，不需要这样的工作，所以，所有的应征者不录取……"而其中竟有一封这样的回函："关于工作，你的想法好像错了，而且错得太离谱！本公司并不需要翻译员，即使需要，也不会雇用你，因为你的瑞典语实在差劲，信中错别字太多！"

他看了那封信后怒火勃发，心中大骂对方是个笨蛋，因为对方的回函中也有一大堆错字。于是他立即奋笔疾书，打算好好报复那个瑞典家伙，给他个难堪。但就在信寄出前，他突然有一个念头："也许事实正如那人所说，我的瑞典语的确不怎么样。我虽然学过，但那不是我的母语，也许稍不注意就犯错啦！因此，如想就职，非加强学习，提高熟练程度不可！说不定对方是在鼓励我呢。那么，该好好感谢人家才是！对了，就写封感谢函吧！"

于是，他把那封待寄的信撕了，重新又写了一封。

"您不辞辛苦回信，不胜感激。我对自己所犯的错误，在此致歉。求职信中竟犯了文法上的错误，真是惭愧之至，今后当更加努力学习，不再犯错，以免贻笑大方。承蒙指教，不胜感激！"

没想到，两天后，乔治再度收到该公司的回函，邀请他去面谈。最终，乔治得到了那份工作。乔治"求全责己"，得到了对方的谅解，顿时使荆棘之路变得柳暗花明。

事情的存在总有他的合理性。人家相不中你，一定是因为你有欠缺的地方。抱怨别人，不如改变自己。你自己改变了，也可能一切就会改观。

那么，让老板喜欢你，又要做到哪些事情呢？

1. **不要找借口**。老板下的命令，不要说做不到。尝试着去做，遇到什么问题努力解决，不懂再求教别人，实在做不出来，再请示老板，老板不会因为你没做成责怪你，但是你还没做就说做不成，就要小心了。

2. **主动报告进度**。大部分没有主动报告进度的员工，都是因为老板交待给他的事没有做好。给自己一点压力，告诉老板你的进度，这样你就能更积极主动去做事了。

3. **报告清楚简单**。做事要有数据，让老板一听就知道这个事情怎么样了。比如你要说一个案子做得怎么样了，不要说："这个已经在做，差不多了。"要说："这个现在图纸已经出来，冶具昨天制作完成，明天可以试用并出结果。"第二天再主动告诉他结果。

4. **不要说模糊概念**。不要说可能、应该、差不多、这几天、前一阵子、过几天、好几个、很多、大部分等词语，而要用数据支持，比如一周后、7月5日、3个半小时、60%~65%之间等。数据可以不精确，但应该有范围。

5. **没被要求时只告诉老板结果**。不要回避老板的问题，大胆告诉他结果。如果老板问："小张，那个扩展市场的计划做出来了吗？"不要说："那个占有率的数据问题一直没有统计出来。"你直接说："还没有，有一个数据要下周二才会出来。"如果需要，他会问你为什么。

6. **不要埋怨别人**。除了称赞，不要在老板面前谈论别人。明智的老板不会因你对另一个人的批评而对他有成见，你在他心里的形象反而会打折扣；不要说："这个事情延误了，老李那个数据一直没给我。"在老板面前只说自己。"这个事情我延误了，可能是在和老李的沟通方面我没做好，还没有向他要到那个数据。"

7. 帮老板承担他的错。不要让老板没有面子，最好让老板的错变成你的错。老板说："你那个邮件怎么还没发过来。"你不要说："发了，是不是你没看清楚，要不你再看看。"不如这样说："我记得发了，要不我再看看是不是我记错了。"就算真发给他了，再发一次又何妨？

8. 在外人前维护老板。和别的部门开会时，别人说："因为你那个图纸画迟一周，这个案子都搁置了。"你不要说："我早画好了，是我老板一直没有签核。"你要说："不好意思，这是我没做好，下次我会早点画出来让老板签核。"

39. 觉得人人都比自己强，没自信

很多人总是抱怨自己比别人弱，其实，你真的比别人弱吗？到底是你没自信还是真的比别人弱呢？向人生要求得多点，我们将会得到更多的回报。这就是人生的规律。一个人只要让自己永不知足，他就会像磨擦的轮子一样不停地运转着。所以，人要想得到一切，就要先具有迎接挑战的勇气，只有这样人们才会尽力去追求自己所要的一切。

还是那句话，"人比人，气死人。"如果你天天觉得别人比自己强，你就一定会比别人弱了。相信自己的能力，清楚自己的地位，并付出相应的劳动，这样成功将会靠近你，而你的人生目标将也会向你走来。

勇于挑战不仅是一种素质，更是一种荣誉，在不断的挑战中，人生价值才会得以实现！同时，我们的人生历练会变得非常丰富，在挑战中尝尽人生百态，这会使得我们自然散发出一股光彩，在人群中容易被看见。

要变得强起来，挑战无处不在，搞一次野外生存训练，参加一次班委选举，甚至努力去克服一个困难，只要我们以前没涉及到的，都可以算得上是一次挑战。20几岁的人，风华正茂，有的是理想，有的是激情，做一件充满挑战的事，正是对自己最好的证明。或许，我们很难迈开第一步，但不经历风雨怎能见彩虹，尝试过后，我们才会幡然醒悟，原来一切不是想象中的那么难，原来别人行的我同样可以，原来我还有这样的能力，自此，我们将会用笑脸面对人生的挫折。

一次一次的达成目标会带给人更多的动力。所以，应该把大目标分成几个小阶段来达成。每达成一个阶段，都会产生新的动力，然后就会激发达成终极目标所需要的动力。因为害怕困难而陷入忧郁的人，一开始就屈服目标，一个健全的灵魂，会向往自己能够做到的事。而心智发育未成熟的人，会不断采取非常强烈的以自我为中心的态度。他们执着于那个目标，迷失了此时此地自己应该做的事，到了最后就是独来独去，标新立异。年轻时候喜欢标新立异的人，老了以后往往抑郁度日，就是这个缘故。

想要挑战自己，就必须要有自信，有了自信才能产生勇气、力量和毅力。具备了这些，困难才有可能被战胜，才可能达到目标。但是自信决非自负，更非痴妄，自信建立在现实和自强不息的基础之上才有意义。

李四光是我国卓越的科学家，地质力学的创始人。

在 20 世纪 20 年代之前，国际地质和地理学界长期流行一种观点，认为中国内地没有第四纪冰川。李四光想：外国地质学家并没有做过认真调查，凭什么说中国没有第四纪冰川？他不信洋人，1921 年，李四光亲自到河北太行山东麓进行地质考察，1933 到 1934 年又到长江中下游的庐山、九华山、天目山、黄山进行考察，然后写出论文，论证华北和长江流域普遍存在第四纪冰川。1939 年，他又在世界地质学会发表《中国震旦纪冰川》一文，用大量实证肯定中国冰川遗迹的存在，这对地质学、地理学和人类学都是一大贡献。

20 世纪初，美国美孚石油公司曾在我国西部打井找油，结果毫无所获。于是以美国布莱克威尔教授为首的一批西方学者，就断言中国地下无油，中国是一个"贫油的国家"。

年轻的地质学家李四光偏偏不信这个邪：美孚的失败并不能断定中国地下无油。他说：我就不信，油，难道只生在西方的地下？在这种强烈的自信心的支配下，他开始了 30 年的找油生涯。他运用地质沉降理论，相继发现了大庆油田、大港油田、胜利油田、华北油田、江汉油田。他当时还预见西北也有石油。今天正在开发的新疆大油田，也完全证实了他的预言。

李四光靠自信、自强，彻底粉碎了"中国贫油论"。

世界上有一批虽身处逆境，但充满自信，自强不息，奋斗向上，最终获得辉煌成就的人。

古希腊著名演说家德摩斯梯尼，原先患有口吃病，幼年结巴，语音微弱，演说时常被人喝倒彩。但他始终对自己信心百倍。为了克服疾病，他每天清晨口含小石子，做呼喊练习，终于成为口若悬河，辩驳纵横的演说家。

德国著名天文学家开普勒，4 岁时出天花，留下一脸麻子，后又患猩红热，烧坏了眼睛，成了高度近视。他终身受疾病折磨，但他从未失去自信，在贫病交加中大无畏斗志昂扬 10 余年。建立了行星运动三定律，为牛顿发现万有引力打下基础。重要著作有《宇宙的神秘》、《哥白尼天文学概要》、《宇宙谐和论》等。

埃及作家塔哈·侯赛因 3 岁时就双目失明，他顽强自信，留学法国，成为埃及历史上第一位博士。作品有小说《鹧鸪的叫声》、《不幸的树》、《失去的爱情》和自传性的《日子》等。还写有文学评论《前伊斯兰时代的文学》和《阿拉伯文学史》等大量作品,被誉为"阿拉伯文学支柱"。

看看这些人,他们尚且不自怨自艾,反而自己努力奋斗,成就了正常人都很难企望的事业,我们是不是更应该停止抱怨,充满自信,大步向前呢?

有些能力,是可以一眼望穿的;有些能力,则不易察知,难以意会。就好像冰山一样,技能、专业是浮在水面的部分,人所共见;至于隐藏在冰山下的部分,则是无法用一纸证或具体数据表明的,例如态度、热情、潜能。

其实世上的人与物皆是如此,如果你认定自己是一块不起眼的陋石,那么你可能永远只是一块陋石;如果你坚信自己是一块无价的宝石,那么你就会变成一块宝石。

信心是一股巨大的力量,只要有一点点信心就可能产生神奇的效果。信心是人生最珍贵的宝藏之一,它可以使你免于失望;使你丢掉那些不知从何而来的黯淡的念头;使你有勇气去面对艰苦的人生。相反,如果丧失了这种信心,则是一件非常可悲的事情。你的前途之门似乎关闭了,它使你看不见远景,对一切都漠不关心,使你误以为自己已经不可救药了。

信心是人的一种本能,天下没有一种力量可以和它相提并论。所以,有信心的人即使遭遇了挫折危难,也不会灰心丧气。

自信使你能够感觉到自己的能力,其作用是其他任何东西都无法替代的。坚持自己的理念,有信心依照计划行事的人,比一遇到挫折就放弃的人更具优势。

当你总是在问自己"我能成功吗"时,你还难以撷取成功的果实。当你满怀信心地对自己说"我一定能够成功"时,收获的季节离你已不太遥远了。

第七章

低调做人，别太强势张扬

　　低调虽然是最近几年才时兴起来的一个词，但现在却变成了一种人生态度。低调，才能暗暗积蓄能量；低调，才能让别人对你放下戒备。对20几岁的年轻人来说，低调，才能体现你的谦虚；低调，才能体现你的诚恳；可以肯定地说，低调，是你人生路上的垫脚石，可以帮助你一帆风顺地走下去。

40. 为人太傲气，不把他人放在眼里

"天下舍我其谁"的思想在当今社会的年轻人中并不少见，大家都认为自己是皇帝，在别人面前颐指气使，不可一世，傲气十足，把周围的人都不放在眼里。这种态度在社会上肯定是要碰壁的，而且不仅仅是碰壁这么简单。所以我们在生活中一定要学会韬光养晦，低调做人。

低调做人既是一种姿态，也是一种风度、一种修养、一种品格、一种智慧、一种谋略、一种胸襟。低调做人不仅可以保护自己、融入人群，与人们和谐相处，也可以让人暗蓄力量、悄然潜行，在低调中成就事业；不仅可以让人在卑微时安贫乐道，豁达大度，也可以让人在显赫时持盈若亏，不骄不狂。学会低调做人，就要不喧闹、不矫揉、不造作、不故作呻吟、不假惺惺、不卷进是非、不招人嫌、不招人嫉，即使你认为自己满腹才华，能力比别人强，也要学会藏拙。抱怨自己怀才不遇只是肤浅的行为。把别人放在合适的位置，敬重别人才能得到别人同等或更多的敬重。要想人敬己，先要己敬人。尊重别人就等于尊重自己。千万不要因为年轻气盛，就觉得自己"天下第一"，什么人都不看在眼里。心高气傲，总有一天要吃大亏的。

在秦始皇陵兵马俑博物馆，有尊被称为"镇馆之宝"的跪射俑。这尊跪射俑，它左腿蹲曲，右膝跪地，右足竖起，足尖抵地。上身微左侧，两手在身体右侧一上一下作持弓弩状。秦兵马俑坑至今已经出土陶俑1000多尊，除这尊跪射俑外，皆有不同程度的损坏，而这尊跪射俑保存最完整，连衣纹、发丝都清晰可见。这尊跪射俑为什么能保存得如此完整呢？导游解释说，这得益于他的低姿态，或者说是他的"低调"。首先，跪射俑身高只有1.2米，而普通立姿兵马俑的身高都在1.8～1.97米之间。兵马俑坑都是地下坑道式的土木结构建筑，当棚顶塌陷、土木俱下时，高大的立姿俑首当其冲，低姿态的跪射俑受损害就小一些。其次，跪射俑作蹲跪姿，重心在下，增强了稳定性，不容易产生碰撞。

这尊跪射俑的故事告诉我们这样一个道理：在任何情况下都要把自己当成

泥土，如果老是将自己当成珍珠，就时时有被埋没的痛苦。在适当的时候保持低姿态，绝不是懦弱和畏缩，而是一种聪明的处世之道，是人生的大智慧、大境界。

山不解释自己的高度，并不影响它耸立云端；海不解释自己的深度，并不影响它容纳百川；地不解释自己的厚度，但没有谁能取代它在万物中的地位……

两只大雁与一只青蛙结成了朋友。秋天来了，大雁要飞向南方，它们对青蛙说："要是你也能飞上天多好呀！"青蛙灵机一动，它让两只大雁衔住一根树枝，然后它自己用嘴衔在树枝中间，三个朋友一起飞上天。地上的青蛙们都十分羡慕，问："是谁这么聪明？"那只青蛙生怕错过了表现自己的机会，于是大声说："这是我……"话还没说完，它便从空中掉了下来。这则寓言告诫人们：做人要低调。如果骄傲自满，一味地表现自己，就会吃大亏。

低调做人，就是用平和的心态来看待一切，修炼到此种境界，为人便能善始善终，既可以让人在卑微时安贫乐道，豁达大度，也可以让人在显赫时持盈若亏，不娇不狂。

41. 得理不饶人，不给人留面子

有理不等于可以不依不饶，有理不等于可以肆意批驳别人。切忌得理不饶人，要体谅别人的心情，给别人留足面子。得理饶人就等于给自己赢得了一次的机会。

上下级关系、同事关系、朋友关系、亲情关系等构成了人与人之间复杂的关系。在日常工作和生活中，我们往往会遇到各种各样的问题、矛盾和不愉快，看到有的人因此不是互不理睬，就是吵吵闹闹，或者争权夺利，更有甚者大打出手闹出人命，真让人不可思议，何必呢！

"千里修书只为墙，让他三尺又何妨。万里长城今犹在，不见当年秦始皇。"这首诗，应当成为年轻人的做人信条之一。

一个人与别人相处，要能够宽容别人的缺点，欣赏别人的优点，要多些善意的微笑，多些真诚的问候。

路边，一只黄蜂和一条蛇为争夺一只烂苹果而打了起来。蛇一甩尾巴，差点把黄蜂打得喘不过气。气急败坏的黄蜂找了个空档，一下子飞到蛇的头部，并紧紧地叮在那里不放。

蛇不停地摆动头部，想把黄蜂甩掉，但黄蜂丝毫没有飞走的意思。蛇又痛又痒，却摆脱不掉。

这时，刚好有位农夫点了一把火，在烧路边的荆棘。蛇见了，心想，你让我痛苦，我也不让你好死，咱们同归于尽吧。于是，蛇一扭身子，钻进了大火中。

于是，蛇和黄蜂一起化为灰烬。

这则故事的背后隐含着一个深刻的道理：得饶人处且饶人。

常听人说："有理走遍天下。"其实，"有理"与"无理"仅是一步之遥。在我们的现实生活中，有的人常常喜欢"得理不让人"，批评别人时穷追不舍，总是气势汹汹地予以指责，这样做不仅于事无补，而且也让有理变成无理。成功的人生，也应讲究批评的艺术。

有的人喜欢凭借手中的强权强势对别人进行无情的批评，以为这样就会让人印象深刻。实则不然，那样做的结果只能让人压而不服，即使口服心也难服。而那些刻骨至深铭记在心的，恰恰是那些情理相融于无声处的批评。

查尔斯·史考勃有一次经过他的钢铁厂。当时正是中午休息的时间，他看到几个陌生的面孔正坐在那里抽烟。就在这几个刚进厂的工人们头顶上，正好有一块大招牌，上面清清楚楚地写着"严禁吸烟"。此时的史考勃完全可以指着那块牌子，声色俱厉地对那些人吼道："难道你们都是文盲吗?!"然后按照规定将他们一个个开除或者对他们进行严厉的处罚。然而，史考勃并没有那么去做。相反，他朝那些人走去，友好地递给他们几根雪茄，说："诸位，如果你们能到外面抽掉这些雪茄，那我真是感激不尽。"吸烟的人这时会怎么做呢？他们立刻知道自己违犯了一项规定，于是，便一个个把烟头掐灭，同时对史考勃产生了好感和尊敬之情，因为史考勃没有简单地斥责他们，而是使用了充满人情味的方式，使别人乐于接受批评。对于这样的老板，有谁不乐于和他共事，拼命地工作呢？"有理也让人"，"得饶人处且饶人"，不失为一种成功的处世方式。

饶人是一种快乐。宽容一点，心就会宽一点，世界就会因为这种"一点"和"一点"而美好很多。在人生的每一个阶段都要学会饶恕别人，这是快乐和成功的源泉。

42. 吃亏是福

俗话说得好，"吃亏是福"、"难得糊涂"。有的时候，不必让自己像一面高风亮节的镜子，也不必什么事情都说得那么清楚。更有的时候，自己吃点亏，如果没有损失到根本权益，就不要睚眦必报。要记住，你吃的亏，总有一天，是会变成好处给你的。

难得糊涂益身心。有些亏吃得难受，但你又何必自己苦自己，不妨装装糊涂，才有安然平顺的心情。

"吃亏"不光是一种境界，更是一种睿智。能够吃亏的人，往往一生平安，幸福坦然。不能吃亏的人，在是非纷争中斤斤计较，局限在"不亏"的狭隘的自我思维中，这种心理会蒙蔽他的双眼，势必要遭受更大的灾难，最终失去的反而更多。

吃亏不但是一种胸怀、一种品质、一种风度，更是一种坦然、一种达观、一种超越。能吃亏是做人的一种境界，会吃亏是处事的一种睿智。吃亏决不亏，惜福才有福！做人要能吃得亏，过于计较，得失心太重，反而会舍本逐末，丢掉应有的幸福。人生一世，功名利禄，生不带来死不带去，斤斤计较只是徒然给自己增加痛苦而已。不如看淡得失，放下名利，享受生活的快乐。

战国时期有一位老人，名叫塞翁。他养了许多马，一天马群中忽然有一匹走失了。邻居们听到这事，都来安慰他不必太着急，年龄大了，多注意身体。塞翁见有人劝慰，笑笑说："丢了一匹马损失不大，没准还会带来福气。"

邻居听了塞翁的话，心里觉得好笑。马丢了，明明是件坏事，他却认为也许是好事，显然是自我安慰而已。可是过了没几天，丢失的马不仅自动回家，还带回了一匹骏马。

邻居听说马自己回来了，非常佩服塞翁的远见，向塞翁道贺说："还是您老有远见，马不仅没有丢，还带回一匹好马，真是福气呀。"

塞翁听了邻人的祝贺，反到一点高兴的样子都没有，忧虑地说："白白得了一匹好马，不一定是什么福气，也许会惹出什么麻烦来。"

邻居们以为他故作姿态，心里明明高兴，却有意不说出来。

塞翁有个独生子，非常喜欢骑马。他发现带回来的那匹马顾盼生姿、身长蹄大、嘶鸣嘹亮、膘悍神骏，一看就知道是匹好马。他每天都骑马出游，心中洋洋得意。

一天，他高兴得有些过火，打马飞奔，一个趔趄，从马背上跌下来，摔断了腿。邻居听说，纷纷来慰问。

塞翁即说："没什么，腿摔断了却保住性命，或许是福气呢。"邻居们觉得他又在胡言乱语。他们想不出，摔断腿会带来什么福气。

不久，匈奴兵大举入侵，青年人被应征入伍，塞翁的儿子因为摔断了腿，不能去当兵。入伍的青年都战死了，唯有塞翁的儿子保全了性命。

塞翁失马的故事可谓家喻户晓了。中国人向来有"吃亏是福"之说，愿意牺牲个人利益吃点小亏的人，其实都是大智若愚的人。

一家清洁设备公司的朱总和兰州一家酒店联系了一笔业务，该酒店要购买一套地毯清洗设备，价值6 000多元。各项手续办好后，朱总把设备寄往兰州。但酒店收到设备后，称设备在运输途中损坏了，要求退货。朱总派人查看后得知，设备是在酒店组装时，由于操作不当而损坏的，维修费用约需700多元，酒店不愿承担才要求退货，公司没有任何责任，完全可以置之不理。但朱总表示，"吃点小亏"无所谓，维修费用他来承担，并让人把设备修好，让客户满意。结果，前不久该酒店要更新其他清洗设备，首先想到的就是甘愿"吃亏"的朱总，一次性定了7万多元的货。

另外一个老板，没文化也没背景，但生意却出奇地好，而且长盛不衰。他的秘诀很简单，就是与每个合作者分利时，他只拿小头，把大头让给对方。如此一来，凡与他合作过的人，都愿与他再合作，而且会介绍一些朋友给他。那些人最终都成了他的老顾客，人人都说他好，因为他只拿小头。但许多小头集中起来，就成了大头。这就验证了一句古话："吃亏是福。"

其实，吃亏是一种胸怀、一种品质、一种风采。不懂吃亏，就不能完美地领悟人生；不懂吃亏，就不会有事业的壮丽辉煌；只有吃亏，会像无价的珍宝在每一个人心底深深珍藏。

凡事都是相对的，有吃亏的人，自然也就有占便宜的人，所以牺牲个人利益来成全集体利益是一种伟大，委屈自己来成全别人是一种豁达。我们都以为愿意吃亏的人会被人当成傻瓜来对待，其实不然。愿意吃点小亏的人其实是在以退为进，失去一些个人利益，得到的却是别人的尊重。更何况人在付出的时候不应该抱着让对方回报的心态，如抱着回报心态就是投资，投资总会有输有赢，仔细想想，只要自己在付出的同时获得了快乐，这也便是一种收获了。

好胜的人通常是不愿意吃亏的，什么事都要争个你死我活，而这种人其实是缺少自信的人。他们害怕认输后被人笑话，有时明明知道自己是不对的，也要坚持到底。这种不愿意吃点小亏的人，最终的结果就是吃大亏。而愿意吃亏的人也是一种心理成熟的表现，但是在这个追求高节奏，高效率的社会，如果我们一味的要求自己去忍让，去适应，那么就会活得很郁闷，因此吃亏也得讲究策略，也得为自己定下一定的底线。

学会聪明的吃亏是一种做人的艺术，学会了适当的让步，然后在错误当中吸取教训，确保在未来的日子里不会犯同样的错误，而不是陷入斤斤计较的怪圈当中无法自拔。往后退一步，你会发现更有利于欣赏眼前风景的角度。

43. 做事情爱出风头，过度表现

做人不要太过张扬，否则容易招来横祸。俗话说，树大招风，枪打出头鸟。做人不能总想着出风头，要低调点儿，不能太张扬。做人不要恃才傲物；当你取得成绩时，你要感谢他人、与人分享、为人谦卑。如果你习惯了恃才傲物，看不起别人，那么总有一天你会独吞苦果！

做人要圆融通达，不要锋芒毕露。功成名就需要一种谦逊的态度，生活中如能降低一些标准，退一步想一想，就能知足常乐。人应该体会到自己本来就是无所欠缺的，这就是最大的财富了。

不要把自己太当回事，才不会产生自满心理，才能不断地充实、完美自己，缔造完美人生。

谦逊是令人终生受益的美德。一个懂得谦逊的人是一个真正懂得积蓄力量的人，谦逊能够避免给别人造成太张扬的印象，这样的印象恰好能够使一个员工在生活、工作中不断积累经验与能力，最后达到成功。

对待下属要宽容。作为上司，应该具有容人之量，既然把任务交代给了下属，就要充分相信下属，让其有施展才能的机会，只有这样，才能人尽其才。

当今社会，与人相处，只要稍有处理不当，就会招致不少麻烦。轻则使工作不愉快；重则影响职业生涯。而且，在职场中和人际圈子里，必须要学会压抑锋芒，低调再低调。别说你没有能力，不能以一当十；即便有能力的话，也需要韬光养晦，不显山不露水，才能最终厚积薄发，生存下来，最终凭自己的能力获得成功。

美国开国元勋之一的富兰克林年轻时，去一位老前辈的家中做客，他昂首挺胸地走进一座低矮的小茅屋，一进门，"嘭"的一声，额头撞在门框上，青肿了一大块。老前辈笑着出来迎接说："很痛吧。你知道吗？这是你今天来拜访我最大的收获。一个人要想洞明世事，练达人情，就必须时刻记住低头。"富兰克林记住了，后来做事一直都十分低调，随时都谦虚的请教别人。最终也就成功了。

一位将军，在大军撤退时总是断后。人们都称赞他很勇敢。可将军把自己舍生忘死的无畏行为，说成是由于马走的太慢。将军的如此低调，不但不会矮化他的高大形象，反而会增加更多的亲和力。

在多数人眼里，不露锋芒的生活态度是没有远大理想、目光短浅、精神颓废、缺乏自信的表现。事实上，暗藏锋芒的柔弱是比刚强更有力的生存策略。这样的人表面上常常给人一种懦弱的感觉，但决不是懦弱的标志，其实这种人才最聪明。因为只有藏起自己的锋芒，才能成大事，铸就辉煌。这样的处世哲学，本质是一种宽容。要相信：给别人让一条路，就是给自己留一条路。

我们会误以为，只有表现得最好才能得到别人的肯定，但事实并非如此。

每个人都渴望得到别人的重视，不愿意被他人忽略；每个人都希望得到他人的尊重，不希望被人瞧不起；每个人都在寻求生活的意义，而这意义经常存在于别人的评价中。

或许我们太注重别人的评价了，太注重自己在别人心中的形象和位置了。当我们产生过分强烈的要求时，就会故意制造各种"声音"。即使"声音"已经很大了，自己却仍然感到不满足，仍然担心会被轻视和忽略。然而，这么强大刺耳的声音，在别人听起来却是一种"噪音"。

现代人比较注重人际关系的技巧，却最容易忽略人际交往的基本原则：平等与相互尊重。在人际交往中，如果总想通过高超的技巧来战胜别人、征服别人、压制别人的话，往往会事与愿违，令身边人敬而远之。

在为自己争取表现机会的同时，也要注意给别人机会。不仅要当一个发言者，也要耐心倾听别人，让人感到被尊重和接纳。人的尊重和价值是在人际互动之中实现的，而不是自己独立表现的结果。

此外，还要及时回应别人的话，并肯定他人说得好的地方，哪怕只是一个会意的微笑。当别人的观点与自己相悖时，我们也要先肯定他，再谈自己的观点，并随时注意别人对此的反应和想法。如果看到别人有话要说，一定要让他表达，然后自己再说。

有一句话说得好，把自己当做泥土吧！老是把自己当做珍珠，就时时有被埋没的痛苦。在现实生活中，你要学会做低调的将军，谦虚的领导，或者是不露锋芒的人才。这样，你离成功，也就不远了。

44. 酷爱显摆，到处招摇

显摆的结果肯定是自讨苦吃，到处招摇只会闹到老鼠过街，人人喊打的地步。如果你学会谦虚的低头做人，那么无论在官场、商场还是政治军事斗争中，你都进可攻、退可守，表现出一种看似平淡，实则高深的处世策略。谦卑是一种智慧，是为人处世的黄金法则，懂得谦卑的人，必将得到人们的尊重，受到世人的敬仰。

俗话说："职场就像一台戏。"在职场中和同事间相处，切忌别显摆。

同事之间容易产生嫉妒心，如果你一个初出茅庐不久的新人整天显摆自己比别人强，自己怎么风光，将极容易引起其他同事的反感。

另外，当你开始显摆自己，并且表现得什么都懂、什么都行时，其他同事会暗暗不舒服。但他们表面上还是会奉迎你，这会使你自己感觉良好、洋洋自得，但你不知道，你正在给自己树敌，也正在亲手制造着自己背后的闲言碎语。

如果你向上级显摆自己的能力，事情会更加糟糕。上级主管既希望看到下级有业绩、有进取心，又希望下级能够尊重自己的权威。如果下级一味地显摆自己的功劳，抢上级的风头，上级即使表面不说，心里也会不满意，从而影响你将来的职业命运。

一位是普通高校外贸专业的大四女生小 A，一位是某高校远程教育学院的大四女生小 B，两份简历同时摆在一家外贸公司业务经理孙先生的面前时，孙先生毫不犹豫地表示，前者在学历、活动能力、英语能力角度都有一定的优势。然而一轮面试交谈下来，孙先生的态度来了个大转变，他决定把工作机会给小 B，因为小 B 更适合当助理。

这几年，孙先生的外贸业务做得不错，目前他急需一个外贸业务助理负责联系工厂和发货工作。面试时，张先生发现小 A 性格干脆利落，他觉得小 A 挺合适。但是当他随意问起小 A 对职业的规划时，小 A 同样干脆利落地表示：希望尽快能进入年薪十万的行列。这句话让孙先生心里犯起了嘀咕：一个业务

20 JI SUI BI XU PAO QI DE XIAO XI GUAN

助理的职位不可能达到年薪 10 万标准，这样的女生肯定不会安分做事，说不定还会给自己找麻烦。反观小 B，家境不错、性格文静、对薪水要求不高，还一直表示要好好学习。学历、能力上的不足反而成了优点。"做生意的最怕内部人抢生意，找助手就要找个放心的，太能干的女生，我不想要！"孙先生表示。

无独有偶，某医药公司的经理聂先生也有同样的看法。半个月前他发的一则小小招聘业务女助理的广告迎来了 120 多位应聘者，其中不乏重点大学医学院的学生。"如果你给我一个发挥的空间，我一定能让你有 N 倍的收益。"一听到类似表述，聂先生就觉得很烦，面谈之后，他发现现在的女大学生心都挺高。聂先生感慨自己也知道大学生就业不容易，但是希望大家在找工作的时候，心态要平一些，看清应聘的职位，多一些诚意，省得大家浪费时间。

也许有人会觉得，既然不要显摆，那我保持低调是不是就对了？其实，这要分场合。在有强势同事的地方，你可以表现弱势一点，这样很容易跟他们打成一片；在弱势同事圈子里，你也并不一定非要和他们一样弱小才行，你需要灵活地根据实际情况调整自己的交往方式，这也是人格成熟的表现。

也许你会说，我不想这么圆滑。但职场人际关系是复杂的，如果你以简单之心应对复杂之事，最后吃亏的是你自己。其实学会为人处事并不是圆滑，而只不过是女人在职场中生存稍显成熟的策略。如果你以真心搭配上策略跟同事相处，相信你的职场人际关系会演绎得更好。

45. 刚愎自用，一意孤行

"耳朵"是人体最重要的器官之一，因为耳朵是用来听人说话的。听人说话，就是要倾听别人的意见，采纳别人的意见。不要觉得自己什么都强，完全按照自己的意思办。古来被刚愎自用弄得人仰马翻的人还少吗？

刚愎自用的含义是顽固、偏执、一意孤行、拒不接受他人的意见，倔强、自以为是、自以为穷尽了世界上的真理，一点儿听不进他人的意见，主观武断、喜欢感情用事，更容不得反对自己的人。

春秋时期晋国军事将领，在一次对楚国的战争中，因为不听从统帅的军令，擅自行动，结果致使晋军大败而归。当时，战场形势本来对晋军很有利，楚军已经开始撤退，晋军统帅苟林父和其他将领通过判断敌情、分析形势后，认为不宜轻率进军，如按照这一推断作战，晋军就可以避免后来的失败。而先谷却悄悄带着自己的军队去追击楚军。苟林父发觉后，已经无法制止，只得下令全军前进，追击楚军。楚军听说晋军追来，大夫伍参主张回击，令孙叔敖主张撤回国内。伍参直接面见楚庄王，进谏说："为什么不打呢？您看，苟林父新任中军主将，威信不高，令出不行。而'其佐先谷，刚愎不仁'，不听将令，其余将领也意见不一，其士兵无所适从。如我军回击，必胜，而晋军必败。"楚庄王采纳了伍参建议，令孙叔敖停止撤退，回师北进。结果，晋军果然大败。

听人说话，就是要倾听别人的意见，采纳别人的意见。不要觉得自己什么都强就完全按照自己的意思办。

凡刚愎自用的人都非常自负、傲气十足、目中无人、一厢情愿、唯我独尊，都认为自己是最接近真理的人。这类人，有一定的能耐，在自己的工作、事业上也做出过一定的成绩，因而自信到了极点，自大自傲，自我感觉一直良好，达到了自我陶醉，不可一世的地步，有的刚愎自用的人还是典型的自我崇拜狂，看人是"一览众山小"，认为自己什么都是对的，别人统统都是错的，这类人个性孤傲，对人冷若冰霜。尽管他没有跑到大街上宣布："上帝已经死了，我就是上帝"，但是，他的所作所为却是无声地宣布自己就是上帝。

也别光听古人的事例，来看看现实生活中刚愎自用的人会有什么样的下场吧。

王锋是一位律师，他的聪明早已被业内人士所认可。前不久他买了一栋别墅，搬进新居没几天，他就对小区的管理及设施配置产生了意见。不到一个月，他就给小区物业管理层洋洋洒洒地写了上万字的意见书，将上至物业管理人员的工作作风和方法，下至周围邻居的不良行径与嗜好一一列举出来，提出了周密的改进意见。在一次小区全体业主大会上，他还咄咄逼人地当众批评物业领导。结果怎么样呢？他被小区居民视为"自大狂"乃至"神经病"，他的建议不仅没有被采纳，还招致众人的嘲笑。

王锋作为聪明人的典型，在为人处世方面少了一根弦，未能处理好方方面面的关系，加上在一些事情上又不注意讲究策略和方式，结果不仅妨碍了个人才能的发挥，还招来了别人的妒忌和排挤。随着时间的流逝，这种人往往不是因聪明而走向成功，而是极易因屡受挫折而一蹶不振，以致被逐渐磨去了锋芒，成为毫无棱角的钝器。

再来看看职场上活生生的例子吧。

小范毕业于上海某大学金融专业，毕业之后到一家国营大型企业担任技术员一职，试用期半年。在业务方面，小范完成得十分出色，一次业务谈判连老总都对他刮目相看。但令人意外的是，6个月试用期结束时，公司人事部门却委婉地告诉他："'五一'长假结束后，你不用来公司报到了。"

原来，小范自从下车间开始，就表现出对单位极大的不满。三个月不到，他就给总经理写了很多意见书，他被单位某些掌握实权的领导视为狂妄、骄傲的代名词，当然，他的建议也没有被采纳。

事后小范才知道，单位领导和同事对他的能力没有任何怀疑，但是对于他的综合表现给予了四个字——"锋芒太露"。过于希望崭露头角，不注意处理人际关系，对于前辈同事也不够尊重，这些都是小范的致命伤。更让领导和同事难以接受的是，对于他们的一些错误，以及单位制度上不健全的部分，小范都会毫无保留地提出，丝毫不注意情面。

刚愎自用是一种非常可怕的毛病。它可以令人越来越不知道天高地厚，离真理越来越远。楚汉相争之中项羽为何败于刘邦？原因之一就在于项羽刚愎自用、自大无谋、沽名轻敌、骄傲自大、不可一世。他身边有一个号称亚父的谋士范增，主张在"鸿门宴"上除掉刘邦，然而在这"关键时刻"，却对他的意见不予理睬，对刘邦的假意殷勤毫无察觉，反把曹无伤的告密直接告诉刘邦，这些都是足以反映了他只是一个有勇无谋、不懂策略、麻痹轻敌的草包将军。这样的人怎能成大事？

46. 年轻气盛，遇事爱冲动

遇事冲动是年轻人最容易犯的毛病。冲动是魔鬼，无论遇到什么事情都要冷静，要三思而后行，否则酿成了恶果，将悔之晚矣！控制情绪其实很简单，只要能把握自己不在生气，或者情绪激动的时候说话、做决定，就可以了。

很多悲剧都是由于一时冲动和鲁莽造成的，如果我们在遇事时能保持冷静，有些事缓一缓再做决定，那么很多悲剧都是可以避免的。生活中难免会有不愉快的事情发生，在公交车上有人不小心踩在你心爱的皮鞋上；走在大街上有人骑车将你撞倒在地……或许他们并不是有意的，但事情发生后却并没有人向你道歉，更有甚者甚至反咬一口，你肯定会火冒三丈。特别是青年人血气方刚，易感情用事，自制力较弱。所以，不少人在发生矛盾时，很容易出现不理智的举动。

在心理学上，把这种遇事爱冲动的现象叫消极激情，亦称为冲动情绪。它是一种短时间的、暴风雨般的、极度紧张的情绪体验，同时也是一股巨大的心理能量。具体地讲，消极激情状态具有以下特征：其一，紧张性。当一个人处于激情状态中的时候，会感觉到自己的情绪越来越高涨，身上就像着火似的，难以控制。其二，暂时性。它像暴风雨一样，来得猛，去得也快。其三，爆发性。处在激情状态中的人会竭尽全力地表达内心感受，充分释放自己的心理能量。其四，盲目性。人在激情状态下其认识范围骤然缩小，分析能力下降，别人的劝告以及过去的经验都会被掩盖掉，因而常常不能正常地处理问题。对于这个问题，需要用活生生的事例来说明。

从前，有个愚人很笨，所以他一直很穷，可是他的运气还不错。在一次下雨的时候，有一堵墙被雨冲倒了，他居然从倒了的墙里挖出了一坛金子，从而一夜暴富。可是他依然很笨，他也知道自己的缺点，于是向一位老人诉苦，希望老人能指点迷津。

老人告诉他："你有钱，别人有智慧，你为什么不用你的钱去买别人的智慧呢？"

于是这个愚人就来到了城里，见到一个智者就问："你能把你的智慧卖给我吗？"

智者答道："我的智慧很贵，一句话100两银子。"

那个愚人说："只要能买到智慧，多少钱我都愿意出！"

于是那个智者对他说："遇到困难不要急着处理，向前走三步，然后再向后退三步，往返三次，你就能得到智慧了。"

"智慧这么简单吗？"那人听了将信将疑，生怕智者骗他的钱。

智者从他的眼中看出了他的心思，于是对他说："你先回去吧，如果觉得我的智慧不值这些钱，那你就不要来了，如果觉得值，就回来给我送钱！"

当夜回家，在昏暗中，愚人发现妻子居然和另外一个人睡在床上，顿时怒从心生，拿起菜刀准备将那个人杀掉。突然，他想到白天买来的智慧，于是前进三步，后退三步，各三次，正走着呢，那个与妻同眠者惊醒过来，问道："儿啊，你在干什么呢？深更半夜的！"

愚人听出那人正是自己的母亲，心里暗惊："若不是白天我买来的智慧，今天就错杀了母亲！"

第二天，他早早地就给那个智者送去了银子。

很多悲剧都是由于一时冲动和鲁莽造成的，如果我们在遇事时能保持冷静，有些事缓一缓再做决定，那么很多悲剧都是可以避免的。以下是一个刚到中学做班主任不久的年轻老师的自述。

有一天我询问我班的南某，昨天下午没来上课是为什么。他说："自行车丢了。"我说："昨天我给你家长打电话怎么停机了。"他说："换号了。"我接着说："那你让你家长给我打电话证实下情况"。他没说话。下课后我刚走出教室，就听到教室里有吵架声，伴随有学生的惊呼声、桌凳的摔倒声，还有同学们的劝阻声。我立刻意识到出事了，于是紧走几步推开门回到教室。我一出现，班里马上安静了下来，正扭打在一起的南某和孙某也立刻停下了，但双方都瞪着眼睛，扭着脖子怒视着对方。我意识到当面批评教育他们会影响到下一节课，何况事情的原因也没有弄清楚。于是我冷静地说："请同学们准备好学习用品准备上课，你们俩和我去办公室。"

在办公室，他俩似乎都感到很委屈，当我让他们分别给我叙述打架的理由时，双方不断争辩，各说各的理，试图把责任推给对方。在他们的辩解中，我还是了解了事情的经过。他俩是前后坐位，因为孙某说："他没来上课肯定是去上网了，还欺骗老师。"南某则一直否定，以至矛盾激化。面对他们的争辩，我没有做他们的审判官，而是说："我知道你们俩都很委屈，老师能理解，现在我只想让你们想想整个事件中哪些地方自己做的不够好，想好了再和我说说。"听我这么一说，他们停止了争辩，都不吭声，低头不语。过了一会儿，孙某主动上前对我说："老师，是我不对，不该乱说话，在班里还大声说他上网旷课，其实我只是在跟他开玩笑。"南某赶忙说："老师，我也做的不对，再怎么也不该动手打人。"我一看火候已到，就用商量的语气问："你们说今天的问题怎么处理？"这次，他们两个相互道了歉，保证以后不再犯同样的错误。就这样，一场不大不小的纠纷在平静中排除了。在整个处理过程中，我几乎没说什么，但是效果出奇的好，也没有给学生们留下后遗症。

在这位老师看来，冲动地解决学生的纷争固然是最快捷的方式，但细细想来，唯有宽容能使得学生真正地放下心理的怨恨。在这里，宽容是对学生的一种尊重，宽容是再给学生一次机会，宽容将年轻老师的心意与学生的追求凝成一个合力点。在这个故事里，年轻的老师学会了宽容，心中的沉重便被释放，整个人会呈现出平静，安详和坦然，解决起事情来也会理智许多。

无论做什么事，都不应该草率鲁莽，无论遇到什么情况，都不要一味的埋怨，不要轻易的下结论，更不能冲动！冲动是魔鬼，它可以吞噬你的心灵；冲动是杀手，随时可以结束人的性命。冲动只会酿成大错！

人在冲动发怒时，会引起精神过度紧张，造成心脏、胃肠以及内分泌系统功能的紊乱，时间长了，对身心健康大为不利。当激情发展到无法控制时，可能会干出伤害他人的事来，造成不可挽回的损失。俗话说"一失足成千古恨"，因此，对消极激情一定要认真对待。

化解冲动首先要克制。喷发的激情来也匆匆，去也匆匆，只要想办法抑制片刻，就可能避免冲动。其次，我们要学会忍耐。尽管消极激情像匹野马，但缰绳还是在自己手中。当别人对你说了不中听的话，甚至羞辱性的话，你可以在心里默念"我不发火""我不在意"。这样能使消极激情变淡。最后要学会谦让。清朝有个叫张英的人在京城做官，他的家乡邻居砌围墙，分厘必争，张英的家人非常气愤，向张英告状。张英回信赋诗劝导家人说："千里修书只为墙，让他三尺又何妨？万里长城今犹在，不见当年秦始皇。"家人见诗后，马上把围墙让后了三尺，邻居见此，也让了三尺，于是就有了六尺巷的美谈。

对激情的克制有时特别需要得到外部的提醒和帮助。譬如林则徐每到一处，都在书房最显眼的地方贴上"制怒"的条幅，随时提醒自己不要冲动发火。这些办法并不复杂，我们也可以立个座右铭，经常告诫自己，也可以请别人时常提醒自己，特别是在与他人发生矛盾冲突时，及时警醒，使自己迅速从消极情绪状态中解脱出来。

大量事实证明，消极激情一旦爆发，很难对它进行调节控制，所以，必须在它尚未出现时或刚出现时还没有升温时，立即采取措施转移注意力，以免消极情绪继续发展。比如，尽力让自己想一些无关的事，干一些其他的活，脑子不闲，手脚不停，就能摆脱因发怒带来的思想负担。所谓眼不见心不烦，说的就是这个道理。

化解冲动要善于逆向思维。所谓逆向思维即反向思考。当你情绪冲动，一时又难以控制时，应多想一想别人的处境，想一想一时冲动可能酿成的后果，这样可以把自己的思绪从愤怒的指向中拉回来，使你的过激情绪降下温来。只有这样，才能平和稳健的走下去。

第八章 有钱好好花，滚大财富的雪球

"钱不是万能的，但没有钱确是万万不能的。"想发财是好事，但是怎么赚钱却不是光想想那么简单的。"君子爱财，取之有道"。想要发家致富，打下经济基础，就要看你自己怎么聪明又勤奋的去奋斗了。

47. 天天想发财，却懒得努力赚钱

　　想发财？想成为富翁？想身家上亿？那你要看看自己是不是已经从这一刻开始行动了！看看李嘉诚，霍英东等富翁，哪一个不是身无分文白手起家，用生命和青春去闯下了一片天地的？记住，只有靠自己的努力去挣钱，才能真正搭上财富的列车。

　　人怎样才能变富有？难道天天睡在床上，蒙着头在被子里想想就可以吗？如果我们每天都只是想我如何才能有100万，我怎样才能有一套很好的别墅，怎样才能有宝马、奥迪、别克、奔驰，那估计这辈子你都别想变富有了，因为天上掉馅饼的事真的很少，而且即便有馅饼掉下来，也不一定会砸在你的头上。

　　所以，我们不要成为思想的巨人，行动的矮子。一旦想好了就早点将之付诸行动。要善于行动、勇于行动、乐于行动，让行动来实践我们的梦！一个好的想法加一个善于行动的习惯，足以铸就你的成功，堆高你的财富。

　　三个旅行者徒步穿越喜马拉雅山，他们一边走一边聊天。他们谈得津津有味，以至于没有意识到天太晚了，等到饥饿时，才发现仅有的一点食物就是一块面包。

　　这几位虔诚的教徒，决定不讨论谁该吃这块面包，他们要把这个问题交给老天来决定。这个晚上，他们在祈祷声中入睡，希望老天能发一个信号过来，指示谁来享用这份食物。

　　第二天早晨，三个人在太阳升起时醒来，又一起谈开了：

　　"我做了一个梦，"第一个旅行者说，"梦中我到了一个从未去过的地方，享受了有生以来我一直孜孜以求而从未得到的难得的平静与和谐。在那个乐园里面，一个长着长长胡须的智者对我说：'你是我选择的人，你从不追求快乐，总是否定一切，为了证明我对你的支持，我想让你去品尝这块面包。'"

　　"真奇怪，"第二个旅行者说，"在我的梦里，我看到了自己神圣的过去和光辉的未来。当我凝视这即将到来的美好时，一个智者出现在我面前，说：

'你比你的朋友更需要食物，因为你要领导许多人，需要力量和能量。'"

然后，第三个旅行者说："在我的梦里，我什么都没有看见，哪儿也没有去，也没有看见智者。但是，在夜晚的某个时候，我突然醒来，吃掉了这块面包。"

其他两位听后非常愤怒："为什么你在做出这自私的决定时不叫醒我们呢？"

"我怎么能做到？你们俩都走得那么远，找到了大师，又发现了如此神圣的东西。对我来说，老天的行动太快了，在我饿得要死时及时叫醒了我！"

世界总是会给每个人有所回报。无论是荣誉还是财富，只要你是这样的人——一个勇于行动的人。

千里之行，始于足下。任何伟大的工程都始于一砖一瓦，任何耀眼的成功也都始于一跬一步。聚沙成塔，集腋成裘，成功之前所做的一切琐碎工作都很容易让人厌倦，但这就是一砖一瓦、一跬一步，它需要人们运用勇敢的决心，来引导自己努力的行动。世间一切都是如此，赚钱更需要这样。

有一个年轻人有很多抱负和想法。当他还很小的时候，他就说："等我成为了大学生，我要一鸣惊人，干出一番事业，我可以做许多的事情，那时候我就幸福了。"但是当他成为大学生的时候，他什么也没有做。

不过，他说："等到我大学毕业后，我一定会干出一番事业，我可以做许多的事情，那时候我就幸福了。"但是当他大学毕业后，什么也没有做。

他又说："等到我找到我的第一份工作后，我一定会干出一番事业，我可以做许多的事情，那时候我就幸福了。"但是当开始工作后，他什么也没有做。

他接着说："等到我结婚后，我一定会干出一番事业，我可以做许多的事情，那时候我就幸福了。"但是当他结婚后，他什么也没有做。

他依然说："等到我的孩子们都长大后，我一定会干出一番事业，我可以做许多的事情，那时候我就幸福了"。但是当他的孩子们都长大后，他还是什么也没有做。

快要退休时，他说："等到我退休后，我一定会干出一番事业，我可以做许多的事情，那时候我就幸福了"。当他退休后，他终于醒悟："现在我已经没有机会再干一番事业了！"

我们之中许多人都像这个故事里的人一样，不会行动，最终一事无成。我们之所以不敢行动，是因为已经事先设想了实践时的害怕和恐惧。即使我们已经拥有解决困难的能力，我们还是会害怕和恐惧，害怕事情不如预期中的顺利，害怕中途发生自己预料不到的困难和挫折……瞻前顾后，左顾右盼，最终我们一无所成，空自怨叹。

梦想需要实现，计划需要执行，目标需要实践，所有的一切都需要你的行动。成功者必定是一个敢于而积极行动的人，也必定是一个敢想敢做之人。

勇于行动也是一种能力，需要锤炼，需要增强。循序渐进、步步为营、坚持不懈，会促使我们将勇于行动贯穿于成功的旅程，贯穿于生命的开始。

勇于行动吧！朝着目标坚定前行，不要左顾右盼，不要犹豫不决，不要顾虑重重，不要拖延观望，成功就在你脚下。

勇于行动，做出你自己。每位成功者都有一个开始，勇于开始才能找到成功的路。人生没有失败，只有暂时停止的成功。想结交志同道合的朋友共同前行，共享人生的乐趣，您准备好了吗！勇于做自己最害怕，最不敢做的事，当你感觉效果很不错的时候，你就快要成功了。自信有着神奇无比的力量！

48. 不知道存钱，需要钱的时候咋办

未雨绸缪，早作准备，这都是中国古人的智慧。如果不给自己家的房子搭好砖瓦，下雨的时候，就要遭受漏雨的痛苦。同理，平时不存钱，到急用钱时，自然没有任何的办法。有存钱的意识，学会存钱，在我们的生活中是很重要的事情。请记住，钱到用时方恨少！

现在的你，是不是觉得以后的日子还很长，钱可以慢慢挣？现在的你，是不是月月挣钱月月花的"月光族"？你也许会问，存钱重要吗？我们还是先从一个故事讲起吧。

战国时期，孟子曾经谈论夏桀和殷纣之所以败亡的原因。孟子说："夏桀和纣之所以失天下，就是因为他们丧失了老百姓对他们的拥护。而失去老百姓拥护的原因，在于他们失去了民心。取得天下的方法就是得到老百姓的拥护。赢得民心的方法是：人民想要得到的，就给予他们，并且多做积蓄，更多地给予他们；人民所厌恶的，不要强加在他们头上，不过如此而已。天下老百姓依附于仁德仁政，就像水往低处流，兽向旷野走一样自然。所以，将鱼驱赶到深渊里的是水獭，将鸟赶到丛林去的是鹯鹰，将老百姓赶到商汤、周武王一方去的是夏桀和商纣。今天，如果有一位君主奉行仁义之道，那么，天下的诸侯都会替他把老百姓驱赶到他的一方；即使他不想一统天下，也是不可能的。如今那些企图一统天下的人，如果不能立志施行仁政，一辈子都会忧虑受辱，一直到死。"

虽然如今我们的生活并不像得失天下那么严重，但是平时的积蓄，也是我们最后成就幸福生活的基础。所以，如果你还是个对存钱没什么概念的"月光族"，那么，就看看下面的"存钱理财"经，好好想想自己该怎么存钱吧。

1. 记账

所有人都知道理财首先要记账，这个习惯实行一个礼拜不难，一两个月也行，三五个月问题不大，但是真正去一年两年甚至一辈子记账，却很难做到。其实我们只要把记账作为一种习惯，时间长了也就变成生活的一部分了。理财

就是为了更好的设计和规划我们的生活，让我们过得更好，那么记账就是为了让我们明白我们的现金是如何流动的，让我们知道哪些多花了，哪些没必要花，哪些如何花才能更有价值。

所以，如果要存钱理财，第一个你要做的就是先学会记账。

2. 量入为出

记了账，我们就知道，有些钱花得很莫名其妙，一个月算下来，莫名其妙地多了一堆乱七八糟没用的东西。有些东西完全没必要买，所以，建议大家买东西的时候问问自己，我真的需要吗？当然，你得弄明白"想要"和"需要"的区别。理财必须理性和克制，现在的克制，是为了以后能更好的生活。就像休息是为了更好的工作一样！

3. 积累你的原始资金，越早越好

一定要学会定时强制储蓄，不要以为一个月一百块两百块没多少，哪怕就是几十块，也要慢慢积累。趁年轻的时候多积累，养成每个月有一笔钱雷打不动地储蓄起来。等将来你就会知道，这笔资金会是你的启动资源。我们最好能在读书的时候就开始，把压岁钱零花钱存起来，不要怀疑，很可能在不久的将来你就会有一笔可观的个人小资产。

4. 不要什么都用信用卡付帐

用信用卡付钱实在不适合学生和刚工作不久的年轻人，买东西付现金用，没有什么不方便和不习惯的，刷卡没有花钱的感觉，也就没有节制的概念，一个月算下来会发现很多钱莫名其妙就没了。所以，一般情况下，刷卡只会让你麻木消费。

5. 不要盲目投资

当你有一笔小钱的时候，你可能会去买基金或国债等，但是任何投资都有风险，投资永远都要用你的"余钱"，也就是你除去正常生活费和一笔应急资金后剩余的钱才能拿来投资。不要完全相信电视、网站、证卷公司天花乱坠的大赚特赚的信息，要明白你自己所能承担的风险。如果你胆子很小，那么你并不适合投资这类东西，并不是所有人都适合投资基金股票、证券国债的。总之，赚钱方法很多，要找到适合你自己的投资方式。

6. 请投资你自己

活到老学到老，只有不断增加你的自我资本才是最重要的。当你还是一个人，没家庭负担，也没压力的时候，不断充实自己吧，这个时候学习的效率也

是最快的！等到你真的结婚有了孩子和家庭，学习的效率肯定不如年轻的时候了。而且这个世界投资什么都有风险，只有投资自己才是最实在的。只要有本事，有能力，总会有饭吃！所以，趁年轻的时候多学习吧，多充电吧，这可是使你的经验增值的法宝！

49. 花钱没计划，有多少花多少

你会给自己手里有限的钱财列一个计划吗？有钱的时候，就大手大脚地消费；没钱的时候，就勒紧裤腰带过日子。这种生活，你还想过多久呢？现在，开始在脑子里形成"计划"的概念，用自己的钱做该做的事情，买该买的东西吧。

花钱没有计划和安排，很容易使自己陷入困境。在学生时代，这一点还暂时体现不出来，因为那时候还是主要靠家里解决"经济问题"。可是一旦我们离开了家，需要独自面对这个问题的时候，以往花钱没计划的弊端就显现出来了。下面就是一个大学生的经验教训。

刚念大学时，爸爸和我约定，每月的 15 日给我寄 500 元的生活费。因为支出没有计划，我就找个理由三天两头地与同寝室的舍友们到校园餐馆挥霍。第一个月，爸爸容忍了我，提前把第二个月的生活费寄了过来。然而我却恶习难改，第二个月、第三个月依然如此。终于，在第四个月，我捉襟见肘。

万般无奈之下，我发了一封极其简短的短信回家：爸爸，饿坏了。

爸爸很快就回了短信，也很简短：孩子，饿着吧。

生活真是太伟大了，只有 10 块钱的 10 天里，我绞尽脑汁节衣缩食、锱铢必较，竟然也把那段艰难的日子熬过去了。

从此，我学会了精打细算，并且发现，其实只要稍稍收敛一些不必要的支出，每月 400 元生活费就够用了。这样，每月我都可以积攒下一些盈余，这些钱可以买书、买磁带、买 CD、旅游、捐款，当然也包括偶尔出去聚餐。

花钱没计划，有多少花多少，到了真正用钱的时候却囊中羞涩，半天摸不出半文钱。20 几岁的人基本上都是在良好的环境里长大的，小时候不愁吃不愁穿，所以没有省钱和计划的习惯，但是为了以后能够存钱办大事，一定要学会计划。

我们自己挣钱、花钱的时候，更应该学会科学消费。有钱没钱都要有个长期或短期的计划。不要养成不良嗜好，不要和人攀比，更没必要在朋友面前装有钱，拿钱充面子。

有句俗话说得好："吃不穷，喝不穷，算计不到就受穷！"你可以在每个月开始的时候把这个月必要的花销写下来，如果月底的结余超过你要存的钱数了，则可以适当"放纵"一下，这样就算是把钱用在刀刃上了。

如果你有以下这些坏习惯，可就要注意了。

1. 不爱自己做饭，总是花很多钱出去吃。

2. 对于已经旧了的衣服，你总是把它扔在柜子底层，从来不穿它，经常买新衣服，买回来又压箱底。

3. 看到别的朋友买了新的手机或是其他的奢侈品，你也一定要拥有。

4. 好朋友过生日，你会买很昂贵的礼物，因为你过生日的时候，也希望他们送这样的礼物给你。

5. 你从来没有每个月要去银行存钱的想法。

6. 每个月不到月末，你工资卡里的钱就没有了。

7. 因为家里很有钱，所以觉得赚钱是很容易的一件事。

50. 喜欢就买，买东西不看价格

喜欢的东西就一定要买，不管多少钱也在所不惜。现代社会提倡这种"快乐生活"，"超前消费"的理念。但是享受生活也要想想自己的承受能力。合理消费，理性消费，才是真正的理财之道。

有很多人本来没多少钱，却在购物时只看东西，只要是自己喜欢的，不论多贵都买，结果就是一天花了一年的钱，消费观念极不合理。

下面就是几个冲动消费的误区，虽然是买衣物和鞋子的，但也可以借此窥一斑而见全豹。你也对照对照，看看自己是不是走入了这些误区，要是有的话，那就赶快走出来吧。

1. 白裤子

不仅很难和其他衣服搭配，它还特别爱脏：刮风的时候最好别穿，家里养宠物不要穿，乘坐公交车也不要穿……总之，一个季节只穿了两三次，还没出门就被门边的灰尘印上一条黑印，更不要说里面愚蠢的标签：不可机洗，不可干洗，不可手洗，不可用刷子刷。烧了它！总可以吧？

2. 无袖高领毛衫

这种毛衫非常漂亮，但它的功效仅仅是挂在衣橱里被欣赏：天热的时候受不了它的层层高领子，天冷的时候胳膊上都是鸡皮疙瘩？什么季节穿也不舒服。

3. 白衬衣，黑短裙

服饰专家经常告诫我们必须要购买的所谓基本款，白衬衣和黑短裙每个姑娘的衣橱里无论如何要有上几件。可我们发现自己穿上了这些衣服的样子平庸至极，一点也没有那些明星模特潇洒。所以还是放弃吧！

4. 折扣打得很低的衣服

失败的购物通常来自精明的算计。20元一件的T恤或小衬衣，看上去还不错，机会怎能错过？打1折的名牌长裙，腰身好像肥了一些……可这有什么关系，太值了！于是我们的柜子里就充斥着这些便宜货和有瑕疵的打折货。可到后来终于发现，我们不愿意穿着 20 元一件的衬衣上街，也不愿穿着肥大的长裤去见客户，哪怕它出自名品家族。除了把它们送人，我们还有别的办法吗？所以我们在买衣服时不要只看价格，而是要看衣服是否适合自己。

5. 打折的小了一号的漂亮鞋子

平时穿 37 号鞋，却看上了一双只剩下 36 号的漂亮短靴。导购小姐向我们保证说这种皮质非常合脚，越穿越松。我们心甘情愿地相信了她的话，可结果却几乎无法穿出门。几次下来，这双漂亮的靴子被彻底打入了冷宫。

6. 颜色不同的同款式衣服

看到一件漂亮的黄色衬衣，价格也合算，为了防止日后再也买不到这么合适的衬衣，一口气买了四种颜色。但其实上，我们不愿意总穿一个款式的衬衣出门，哪怕它们的颜色不同。

7. 为了廉价的短裙而买昂贵的长筒靴

看到了一条迷人的仿皮面料短裙，便宜得不可想象，可唯一能与它相配的是长筒靴，同样的质地，却比真正的皮革还昂贵。这时我们或者买下这双靴子，加大短裙的成本，或者放弃这条百年不遇质优价廉的短裙。不幸的是，我们却总是选择前者。

8. 提前买下个季节的衣服

橱窗里陈列出今冬系列，可街头的温度还停留在 20 度，我们看一件又瘦又薄的大衣，果断买下，到了冬天才发现里面根本套不下那厚厚的冬装。

实惠是个实在的词，它所对应的就是价值投资和理财，不为事物的表面现象所迷恋，不爱慕虚荣，追求最佳性价比。量入为出，理性理财，你的一生是不会穷困的。

51. 出手阔绰，一点儿都不含糊

聚会吃饭，你掏钱；一起打车，你掏钱；朋友聚会娱乐，你掏钱！在你做这些大方的事情之前，先想想自己是不是腰缠万贯，是不是银行卡里有七位数的存款；最重要的是，想想自己这种行为是为什么。如果是好朋友，用得着你这样打肿脸充胖子吗？还是收敛一下，不要显摆了。毕竟，你只是个刚刚踏入社会的年轻人，不要为了显摆而大手大脚。

现在有很多年轻人，可能是出于显摆，可能是出于习惯，也可能是出于义气，在花钱方面出手非常阔绰，一点儿都不含糊。虽然出手阔绰的人有种种理由，但出手总是太阔绰不是什么好事，别人会认为你很富有，从而"吃定你"。尤其面对并不熟络的朋友，你这样的行为反而会使对方不舒服。

足见，出手阔绰一点儿都不含糊是不理智的，不明智的。在花钱之前一定要三思，要想明白以后的事。

会赚钱又会花钱，才能过好日子。有一个花钱的原则"该用的地方就大大方方地用，不该用的地方一分也不用。"具体说来，这个原则包含以下几层含义：

1. 掌握实用原则，不做无谓消费。

这个道理看似简单，其实不然。生活中有些人会陷入盲目花钱误区。

如有些人买东西喜欢赶时髦和潮流，图一时痛快而根本不去考虑所购物品的实用性。就拿衣服来说，有人明明已经有好多衣服，但为了赶时髦、追时尚，一看到流行服饰出现，也不管合不合适，需不需要，先买了再说，结果往往是扔在衣柜里。再如还有些人一看到街上打折、清仓、甩卖，便跟着抢购便宜货，结果一些买来的物品自己根本不需要。所以消费前先考虑好消费对象是否自己真正需要、真正喜欢、真正有用，不花冤枉钱。

2. 要有整体意识，不要贪小失大。

从某种意义上说，花钱是一项整体行动，即在花钱时要通盘考虑，只有收支平衡或收大于支，经济才会宽裕。但在实际生活中有时会陷入一种误区，结果反而贪小失大。

如有人曾经在地摊上花 15 元钱买过一双劣质皮鞋，但没多久鞋跟就坏了，没办法只能去修，结果是反复修理，花了不少钱。所以从那以后这个人购物就定下这么一个原则：即同类商品，宁可多花点钱买质量好的也不贪便宜买质量差的，该花的钱还是要花。

3. 量入为出

花明天的钱是需要具备许多前提的。总而言之，如果所有的人都在今天把明天的钱花完了，明天又该如何是好。

信奉量入为出这条古训的人是老实人，老实人只敢花昨天和今天挣到手的钱。从消费的角度来说，老实的代价是牺牲了消费的机会和透支的快感；大胆透支，今天就花明天的钱、甚至后天的钱，这种人是聪明人，聪明的前提是对未来有良好的预期，聪明人可能付出的代价是信用丧失或彻底破产。

4. 有财可理

如果入不敷出，每月上半月像富翁，下半月像乞丐，又如何去奢谈基金、股票、黄金、期货？所以，理财的第一步，是从节约和储蓄入手。当积蓄达到一定量时，才能在各种投资领域一试身手。

生活中，可以根据自己和家庭的收入情况做一个财务计划，留出必要的生活支出和一定的机动款项，剩下的钱做零存整取储蓄或做基金定额定投，日积月累，小钱就能滚动成大钱。

第九章 人脉是你最可靠的银行卡

有句电影台词说得好："二十一世纪什么最贵？人才！"其实，再说的恰当一点，这句话应该改成："二十一世纪什么最贵？人脉！"有了好的人脉，你就能保证办事路路畅通，就能保证四处都吃得开。有一句歌词不是也说了吗？"朋友多了路好走。"有的时候，没有人脉，办一件事花多少钱都没办法；如果有较好的人脉，也许分文不取就办到了。所以说，人脉是最可靠的银行卡。那么，建立好的人脉需要注意些什么问题？这里面可是很有学问的哦，我们一起来看看吧。

52. 把自己封闭起来，独来独往

年轻的你，是不是很不屑于去参与那些"虚情假意"的人际交往，认为那些都不过是觥筹交错间的胡乱谈笑而已？你是不是因为种种原因，喜欢做"独行侠"，觉得自己不接触人群，就是很酷？其实，不管你怎么酷，你都还生活在这个社会，要吃饭，要工作，要见人。所以，封闭自己有百害而无一利。打开心扉，你才能享受到人世间的美好，才能真正做一个有未来的人。

很多年轻人现在都十分不屑于去参加宴会、聚会啊什么的，觉得自己当"独行侠"十分潇洒，酷酷的不理人才能显得自己很有个性。其实，这已经是走到了封闭自己的边缘，是危险的表现。不管你怎么酷，怎么活在自己的世界里，你还是生活在这个社会中，要吃饭，要工作，要和人接触。人是群体性的动物，不要把自己封闭起来，要学会多和周围人交流，让自己融入集体，融入大家，融入生活，这样你才过的有信心。

比如，你有你的单位，你有自己的家庭，你必须生活在这样一个环境中，而且要和他们打交道。这些人也许会让你觉得劳累，但是也会给你帮助，给你启发，给你快乐。

当你封闭自己的时候，很容易就会对自己产生怀疑。人只要在群体中，总会有这样那样的合作，而这种合作往往比一个人要容易成功。人不喜欢孤独，做事总是喜欢和大家一起做，而许多事情也总是需要集体才能完成，大多数时候，工作和任务都不太可能光凭个人的力量完成，面对困境的时候，心烦的时候，我们也希望有人可以分享心中那无法言喻的情感。

人都是喜欢依靠，被支持的。在某一个时刻，当所有人都反对你的时候，尽管你依旧坚定自己的想法，尽管你说着不在意，其实，心底还是在意的，你希望有人支持你，有人赞同你，尽管你一副不受影响的样子，可是你心底的防线在众多的反对声中显得有点薄弱，它或多或少地打击了你的信心。这个时候，如果有个声音支持你，不管是以什么形式，你都会坚强起来，信心倍增。

有时候，你可能会觉得一个人也没什么，相信自己就好，但有时候融入群体去，更容易得到温暖。心情低落，思维瓶颈的时候，心里闷闷苦苦的时候，有一个知心的朋友陪伴着，吐吐糟水，心情就会平复的快。就算是在平时的工作中，不经意间的交流，也能给人带来帮助。

遇到事情的时候，不要自己一个人去办，多和别人交流，听取一下别人的意见，或表达一下自己的看法，都会使自己或别人多少有所受益。有些事是要考虑周全，有些话却又不能不说。说出来，别人才会知道你的想法，才会有沟通的可能。所以，不要封闭自己。在互联网经济的今天，你要学会走出自己的壳子，去和外面的人握握手，才能迈出成功的第一步。

53. 以为别人都不喜欢你、讨厌你

我身边有不少的年轻朋友，或者是因为做人太小心，或者是因为从小生活环境的影响，总是觉得周围的人不喜欢自己。对于这些朋友，我总是微微一笑，完美的白雪公主也有母后在讨厌着，我一个凡夫俗子又怎么可能免遭此事呢？所以，不要自卑，也不要懊恼，不是有句话说"岂能尽如人意，但求无愧我心吗"！

我们在生活中总会觉得周围的人都不喜欢你，都厌恶你。其实，这种感觉并非你一个人有，大家都会有这种感觉。这种感觉的来源一般说来有三个：一是确实讨厌你的人不少；二是你对自己要求过高，想让大家都喜欢你，都围着你转，都对你尊敬有加；三是你心理上的作用。

其实在这里，应该反过来想想，你周围的人是否都很受人喜欢呢？你是否对周围其他的人尊敬有加呢？

对于上面的种种情况，我们都应该保持一种平和的心态，做好自己的事，尊敬别人，多替别人着想，尽量改变自己的一些不好的习惯和举止。还有很重要的一点，就是要对自己有信心。大多数时候，我们会这样想都是自卑的心理在作祟，所以重要的就是要建立自信。

自信，是个人对自己所做各种准备的感性评估。自信是成功的必要条件，是成功的源泉。相信自己行，是一种信念。自信是人对自身力量的一种确信，深信自己一定能做成某件事，实现所追求的目标。自信不能停留在想象上，要成为自信者，就要像自信者一样去行动。我们在生活中自信地讲了话，自信地做了事，我们的自信就能真正确立起来。面对社会环境，我们每一个自信的表情、自信的手势、自信的言语都能真正在心理中培养起我们的自信。真的拥有了这种自信的气质，你就会发现，周围有很多人还是非常喜欢你的。下面是一个职场新人讲述自己克服自卑的经历，也许可以作为很多人的范例哦。

记得刚踏进单位大门时，我心里十分紧张。领导找我谈话时，我的手心紧紧的捏了一把汗，呵呵，现在想想，真觉得自己当时太不自信，适应能力太

差，还没从学生的角色转换过来。

后来，我通过自身的有效调整，慢慢地增强了自身的社会适应力，提高了应付挫折和挑战的能力，并坦然地面对失败和困境，不断改变和完善自身的不足和缺点，不放过任何一次展示自我能力的机遇。很快，我就从自卑和不自信的阴影中，走了出来，走向充满信心和勇气的自信之路。

下面，我总结几种比较有效和便捷的克服自卑的方式，和大家探讨探讨，互相学习，希望对有自卑心理的朋友们有所启发。

1. 往前面的位置坐，让领导看到你

你是否注意到，在单位开会或其他什么聚会的时候，后面的座位往往总是先被坐满，而前面的位置，常常会没有人去坐。原因很简单，大部分坐在后排座位的人，都不希望自己太显眼，不敢面对单位领导的目光，这其实就是对自己缺乏信心的表现。

从今天开始，不管是什么样的聚会场所，尽量坐到前面去，勇敢地接受大家的注目。只有这样，才能够帮助你消除怕见单位领导和上司的种种顾虑，增强你的自信心。

2. 抬起头来，正视对方

当你拜访或接待来宾的时候，当你面对同事或上司的时候，当你碰到陌生人的时候，把你的头抬起来，胸挺起来，用目光正视对方。

不敢正视对方，意味着对方的存在使你感到自卑、不自在，或你不如他、怕他；躲避对方的目光，意味着你有愧疚感。你做了或想到什么不希望被对方知道的事，怕对方会看穿你。这些对你来说都是向对方发出不诚实或不友好的信息。特别是在谈判桌上，会使你显得底气不足。

如果你勇敢地正视对方，那就等于告诉他：我很诚实，而且光明正大，我说明的一切都是真实可信的。毫不心虚，让对方感觉到你必胜的信心和勇气，从而赢得对方的尊重和信任。

3. 适当提升说话的力度，在公开场所踊跃发言

也许你是个思路敏锐、天智聪慧的人，但是，因为你那沉默寡言的习惯，因为你对自己的建议或提问缺乏信心，使你不敢在各种讨论会及公司组织的各项活动中阐述自己的观点和立场，每次都只是个听众，没有积极地参与的精神。就连平时和别人说话，也是小心翼翼，生怕说错了什么而得罪人。如果长期这样下去，你就会觉得自己离大家愈来愈远，也就愈来愈丧失自信，愈来愈

自卑了。

其实，从积极的角度来看，从展示自我的工作能力来看，如果尽量的多发言，就会增加你的信心，下次发言也就更加容易了。不论参加什么性质的活动或会议，主动发言，把自己的论点、意见及所提的问题大声地向大家阐明。不要多余地担心你的发言、你的观点会有人反对，因为同样会有人支持你的见解。如果你不说出来，那么谁又能知道你的想法，谁又会考虑你的感受呢！

4. 想到就要去做

有许多好的构思和设想，特别是工作上的改进和更新，你设计好了一切，但是却迟迟不肯行动起来，整天想着如果失败了该怎么办，对自己的工作能力缺乏必要的信心，也不去和同事及上司交流，等别人行动并成功以后，才知道后悔。这样下去，你所有的努力都白费了，同样，你就会觉得自己更加不如别人了，也就对自己更加没有信心了。

有好的构思就必须立即行动起来，发现问题，可以一边调整，一边改进。机遇人人都有，成功不是等出来的，顾虑解决不了问题，只有行动，才是改变现状的最佳选择。许多时候，行动起来，改变姿态和加快速度，可以改变一个人的心理状态。动作是敏捷还是拖拖拉拉，也是衡量一个人的自信与自卑的重要尺度。

5. 把微笑挂在脸上

笑是一种推动力，更是一种很有效的心药，笑能治愈你的自卑心理，化解你对别人的敌对情绪，缓解你紧张而疲劳的心态。每天早上起床的时候，别忘了提醒自己，今天我要笑着去面对我工作生活中的一切。记住：不管是什么样的情况，笑肯定比忧愁更能解决问题。

如果说上面这位职场新人的成长过程教会了你如何在职场克服自卑，让大家都喜欢自己，那么下面这18个要点，就是测测你的人际关系如何了，是大家都讨厌你，还是你自己杞人忧天呢？

1. 除了校园同学与家庭亲友以外，你有多少在社会上认识的人？所谓认识在这里是指能说得上话，必要时可以寻求帮助的人。

2. 在你所交往的社会关系中，他们所从事的职业岗位是什么？有多少人是做领导、老师或者人缘很好的？

3. 你与社会上的朋友经常保持接触么？尤其是在不需要别人办事的时候？你会有意识地去主动询问与关心别人么？你觉得你的朋友或帮你的忙么？

4. 你有多少个年龄比自己大 10 岁以上的朋友和比自己小 5 岁以下的朋友？你的朋友是不是都是同龄人？

5. 你通常通过哪些途径认识人？最重要的渠道是什么？你会经常挖掘一些新的社交渠道么？你觉得你只需与自己的专业或者职业领域的人交往么？

6. 你会主动和陌生人说话么？通常你会用什么话题引起对话？你会担心别人不理会你么？如果别人真的不理会你，你会怎么办？

7. 你可能因为某种原因接触了一个陌生人，有了初步的交往，你会用什么方法进行后续的交往，以使得他成为你社交网络中相对稳定的成员？

8. 你内心渴望参加有陌生人参加的集体活动么？参与这样的活动时你的心理感受是怎么样的？

9. 在一群认识不久的朋友中，你是否通常能找到赞扬每个人的机会？还是能找到表现自己的机会？还是能找到指导甚至批评大家的机会？

10. 陌生人的相貌对于你来说是吸引你去交往的主要动力么？遇到相貌一般甚至不好的人，你会如何反应？

11. 成为你朋友的人通常是和你个性接近还是互补的人？你通常要花很长时间才能了解对方的个性与品行么？

12. 有不少人很有能力或者知识，但却是你不喜欢的人，你会怎么与这样的人相处？

13. 你最擅长怎么样的聊天话题，你懂得怎么样在与不是很熟的人在一起时把话题引到自己擅长的话题上么？如果别人擅长的话题你不是很懂，你会用怎么样的态度对应？

14. 你会很担心自己在与陌生人交往的时候碰到色狼、骗子或者某种坏人么？这种担心你是如何解决的？

15. 遇到陌生的异性与自己主动打招呼的时候，你会如何反应？你内心会把对方想成怎么样的人？你会主动与陌生的异性打招呼么？你在打招呼时候的行为表现有何特点？

16. 你会主动去接触和学习一些社交的知识与技能么？或者你还有一些社交的榜样或者导师？

17. 你相信社交能力本身只能在社交中培养，在参与社交中，有心留意，经常总结而得到提升么？你自己也真的是这样做的么？

18. 你是相信人际交往中的善面，还是相信人际交往中应该谨慎防范。

　　这些问题没有完全对错的答案，但是不同答案显示了我们的社交能力与模式的差异，还有我们社交水平的高低，利用社会资本的能力的距离。也许我们可以以此测量自己的社交状况，也可以了解朋友的社交状况。

54. 见面时，总是等着对方开口

你是不是一个主动的人，自己应该有一个评价的标准。和熟悉的朋友在一起，怎么样都可以；而一旦到了社交场合，见到陌生人就哑巴了。在社交场合，你是不是总觉得别人会先开口，因此自己不爱主动发言。其实，你这就错了。在到处都是人的社交场合，作为新人的你，适当的主动，一定会赢得别人的好感和欣赏。

年轻人总是年轻奔放的，和一群熟悉的朋友在一起，怎么疯怎么闹都 OK，但是奇怪的是，这些人一到社交场合，见了陌生人就腼腆起来，总是等着别人先开口，为什么呢？究其原因有如下几个：一则，生来胆子小，不敢主动和别人打招呼；二则，太傲气，认为自己很重要，看不起别人；三则，没礼貌，认为自己打招呼会丢面子。我们可以根据这几个原因分析一下。

其实与陌生人主动交流并不需要担心什么，你可以设想，如果有人主动与你打招呼，你所体会到的一定是不一样的心情。鼓起勇气，尝试与人主动打招呼，你就会发现此后的交流变得很容易了。

担心在社交场合"出丑"是一种自卑。想要交朋友，就要打破自卑，主动地向前迈出一步。

问候是很重要的，因为它是与人相处的第一步，会给别人留下第一印象。看着别人的眼睛微笑很重要，否则的话，问候会显得很勉强。一个轻松的微笑就像是一束阳光照亮别人的心田。有问候时叫别人的名字也很重要，因为它使问候更有针对性。研究显示，人们都喜欢别人叫自己的名字。所以，请你记得主动向别人问好。

事实上，人与人之间的沟通与交流正是从打招呼开始建立起来的。彼此见面没个招呼，谁也不认识谁，怎么沟通与交流，更谈不上建立感情，工作上搞好协调，以及生活中团结相处。而见面时，相互问候一声，彼此之间距离就近了，沟通与交流，感情的建立也就从此开始了。譬如第一次见面问声好，彼此有个印象。第二次见面问声好，印象就深了，彼此间互问姓名，相互就有了个认识。第三次再见面，问声好，还要握个手，就成了老朋友，彼此间的交流就更多了。可见相互问候可以促进彼此之间的距离缩短，变得融洽；可以传递心声，增进友爱；同时也可以为各自带来工作、学习上的便利，加强相互之间的协调，共同把工作、学习做得更好。

其次，你要练习主动对人微笑，即使对方是陌生人，主动的、发自内心的微笑，也会成为人际交流的第一步。接下来交换名片也好，寒暄也罢，都为你结交新的朋友打开了局面。

微笑是人类最美丽的表情。它是以自信架起希望的灯塔，是弱小者手心的一片爱的阳光，是乞食者心中的一块甜美的奶酪，是冷淡者融化冰山的熊熊烈火。无论你是经受着风吹雨打，还是沐浴着阳光雨露；无论你是已攀上了顶峰，还是被困于巨谷深渊，生命的微笑都能感化潮湿的心情，抹去不悦的色彩。我们的生活中，存在着很多因为微笑而产生的美丽故事。

还记得海伦·凯勒吗？沙莉文老师那微微的一笑，使她感悟到了阳光般的温暖。她说："温暖的阳光照在我的脸上，我的手指触到了鲜花的叶子，我意识到春天来临了。"

美国钢铁大王卡耐基说："微笑是一种神奇的电波，它会使别人在不知不觉中同意你。"在一次盛大的宴会上，一个平日对卡耐基很有意见的商人在背地里大肆抨击卡耐基，而卡耐基却安详地站在那里，脸上挂着微笑，等到抨击他的人发现他的时候，那人感到非常难堪，卡耐基的脸上依然挂着笑容，走上去亲热地跟他握手。后来，此人成为了卡耐基的好朋友。正如雨果所说："微笑就是阳光，它能消除人们脸上的冬色。"

微笑不仅能让人驱走心灵的阴霾，还会让人变得友善。有一次，一位窘困不堪的乞食者将手伸到了屠格涅夫面前，但屠格涅夫找遍身上的每一个角落，什么也没有。于是他紧紧握住乞者的手，微笑地说："兄弟，很抱歉，今天我忘记带了。"乞者眼里荡漾着异样的眼光，感动地说："这个手心，这个微笑，就是最好的东西！"

这些故事也许都不是正式的社交场合的故事，但是却能告诉我们，微笑的力量有多么强大。俗话说"伸手不打笑脸人"。在遇到社交场合的陌生人，尝试着给他一个温暖的微笑和礼貌的问候吧，主动上前，也许他就是你今后生活中的大贵人呢。

55. 想交朋友，却怕对方拒绝你

交朋友现在已经成为了一个少见的词了。很多时候，现代社会的忙碌和冷漠把我们隔离开来。也许你是个热心的人，想和某些人交朋友。但是却怕遭到拒绝，但是，真诚的交流总会打动人心的，所以不要把对方的拒绝视作失败，因为在失败中你将学会如何去面对失败，学会了如何赢得成功，学会了坦然看待世间万物。

每一个人都希望能获得朋友，都希望友谊像温暖的阳光一样照耀在自己的心上。但是，很多人在这个忙碌与冷漠的社会，常常对"交朋友"望而却步，因为他们害怕被拒绝。对于这个问题，心理专家认为：朋友不是亲人，不是生来就有联系，所以，在这个飞速发展的社会，只有那些懂得交际技巧的人才能迅速地结识更多的朋友。那么，我们来看看心理专家的建议是什么。

一、率先伸手，争取主动

要想让一个人尽快与自己从陌生走向熟悉，进而成为朋友，就首先要丢弃你的"冷落"态度，率先发出你对他人的友好信号，因为处于主动地位的人总是比处于被动地位的人容易得到朋友。同时你也要克服自己的"怯场"心理——怯场心理同样会让你"出手"被动。此时要想到，你在别人面前是陌生的，别人在你面前同样也是陌生的，其心理和你是一样的——渴望得到友谊而又感到拘束。在这种情况下，如果你首先伸出友谊之手，你就成功了一半。

二、自然微笑，沟通感情

善于交际的人在人际交往中的第一个动作就是微笑，微笑在人际交往中有亲和的作用。美国著名喜剧大师博格有一句名言："笑是人与人之间的最短距离。"香港凤凰卫视的著名主持人吴小莉就是一位人人称道的微笑使者，她常说自己的人生哲学是永远的笑脸。从中我们可以看出，与对方交谈时，从轻松自然的微笑开始。对方会被你热情的笑所感染，也会自然而然地以热情之心回报给你。

三、放松情绪，树立信心

有些人往往会因为怕交际失败而心情紧张，这对成功交际是极其有害的。正确的做法是放松心情，树立信心，大大方方地去交往，比如试着问对方有什么爱好、夸赞对方着装得体等。先引出话题，使交谈进入到一种活泼、愉快、轻松的氛围中。只要做到了这一点，对方自然而然地会亲近你，认为你是一个随和的人。别人对你有了认同感，你的心情也就自然会更轻松，也就自然会更有交际成功的信心。

四、真诚相待，赢得真心

结交朋友，贵在真诚，它是获得真正友谊不可缺少的一种优秀品质。因为只有真诚，别人才能了解你，才能知道你是否值得结交，只有付出了真诚，别人才能对你真诚、向你袒露自己的心扉。正如一位社交广泛的朋友所说："我在与别人交往时，绝对不会表现出虚伪的言行，因为那种行为别人一看便知，并感受到你的不真诚。你只有尊重别人，相信别人，别人才能相信你，从而与你交心。"

五、留下地址，腾出时间

与别人进行愉快交谈后，如果可能的话，最好留下你的联系地址和电话，为以后进一步深交作准备。因为在交谈的过程中可能时间很紧促，没有更多的时间了解你。这样，即使别人对你有好的第一印象、想与你交往，也可能因心有余而时间不足而"忍痛割爱"，这岂不可惜？而留下联系方式后，就为友谊腾出了一个"周转期"，这样别人若有意的话，自然会找个理由问候你。如果对方给你留下了联系方式，你最好是主动问候对方，"节日好"、"工作好吗"等问候语会让对方感到"这个人很关心我"，从而认为你是一位值得结交的人。

专家为我们总结了一些交友小技巧，相信有了这些，再加上你的行动，你就不会害怕别人的拒绝了。记住，真诚的交流总是能打动人心的，这次不成功，还有下一次。没有任何人是真正铁石心肠的，如果他真的是值得交的朋友，你们一定不会相互错过。

1. 换位思考

设身处地为别人着想，不要把自己不喜欢的事情强加给别人，学会从别人的角度想事情。

世界上任何人都有感兴趣的事情，也有漠不关心的事情。感兴趣和漠不关心都是有原因的。如果你能站在别人的立场多想想，就不难找到妥善处理问题的方法，你和别人沟通了思想，彼此就有了理解的基础。

交友忠告：当你想要批评别人的时候，自己先思考30秒，如果你是对方，会不会接受这个批评，会是什么样的心情。时间久了，你会发现身边的朋友越来越多，而你也不再会有没"人缘"的感觉了。

2. 真心赞美

对很多人来说，能被人注意到自己的小优点和长处，并得到赞美，他会很感激赞美的人，产生好感的程度也就会增加。不过赞美的人也要记住，赞美要适度，要真心，如果小题大做，只能起到反作用。

虽然当面的赞美是必要的，但是背后的赞美也是不可忽视的。背后的赞美也许不为人知，却会让人感到你的真心。

3. 做你自己，拒绝无谓讨好

不提倡虚伪地夸奖别人，无论对方是什么身份。如果贬低自己而曲意奉承上司，则是奴相。在人际交往中，要做到既不献媚，又不歧视地位低的人，才是正确的。

当然，不仅不要讨好别人，也不要随便接受别人的讨好。其实不少奉承和讨好的语言都是乘虚而入的，所以在听到不恰当的恭维时，先审视一下自己，看自己是不是在言行中无意流露出了喜欢被人讨好的苗头，要保持平常的心态。同时还要清醒地认识到，奉承讨好他人的人大多都是有目的的。

在生活中，难免会遇到一些人想通过讨好的方式来达成自己的目的。不要对这些人冷眼相看，否则就可能会把来自对方的真诚赞美也拒之门外，影响了人际关系，所以一定要清醒地分清诚意的赞美和虚伪的讨好。

交友忠告：做人要做到不卑不亢，不要刻意看低自己，不要以为看低自己就能得到别人的尊重，也不要以为看低自己就是一种"谦虚"，恰恰相反，这样做只能让你失去尊严。对于别人的赞美，要保持冷静，想想自己是不是值得这样的赞美，既不要拒绝别人的赞美，也不要因为别人过度的赞美失去自己。

4. 记住他人的姓名

在与陌生人交往中要记住他人的名字，这对以后的交往有很重要的作用，因为在结交朋友的时候，能够说出对方的姓名，这对对方来说是最美丽、最动听的语言，会让人觉得你很重视他。

现代人用来自我介绍的工具就是名片，名片的其他部分如果记不住，可以查阅，但对方的姓名一定要记住，还要做到完全对上号，不能张冠李戴。因为这是人际交往中最重要的一环，记住姓名，能想起对应的人以及对方的一切信息，可以帮助你更好地与人交往。

交友忠告：准备一个本子，把你所认识的朋友名片贴在纸的上方，下面写几条你自己能明白的、关于这个朋友的形象描述，要让自己能"对号入座"。还要记得，不要依赖这个本子，因为它只是为了"存档"而已。

5. 掌握个性，见机行事

在社交过程中，要学会对不同的人做具体的性格分析。对性格活泼、个性开朗的人可以比较随意地开玩笑；但是对性格内向的人，交谈的时候需要耐心；对于性格耿直的人，可以对他们直言不讳，既不会引起反感还会引起对方的共鸣；而对那些性格多疑、小心眼的人，说话则要小心谨慎，开口前要再三酝酿，注意不要得罪对方。这种交谈方式就是所谓的"见机行事"。

社交是个瞬息万变的过程，相同的人会有不同的情绪变化。一个真正善于社交的人应该是善于观察的，能对社交对象可能出现的临时的心理随机应变。

交友忠告：与人交流前，要对交流对象有一个基本的了解，要能找到适合的、对方能接受的话题。要学会察言观色，一旦发现对方对你的话题没有兴趣，表现出不耐烦时，就要马上想办法转换话题，避免尴尬。

6. 守口如瓶

人与人之间的交往必须讲诚信，因为这是做人最起码应该遵守的生活准则。如果没有诚信，则无友谊可言。

多做少说，做到善于倾听，才能得到更多人的喜欢。如果你的朋友把秘密告诉了你，即使他没有说要你保密，但也表现出了对你的极度信任。这时，你将秘密泄露出去是不对的。

交友忠告：只要是朋友私下告诉你的话，即使对方没有表示让你保密，也千万不要做传播者。给自己一个设想，如果当你私下告诉朋友的话，在"第三方"那里听到，你会有什么心情。最惹人厌烦的人就是"小喇叭"，检查一下自己，是不是这种"小喇叭"？

7. 守时

人际关系中的守时即准时赴约，遵守时间，不要因为自己的不守时而耽误别人的时间，否则就是不尊重对方。

交友忠告：无论什么约会，至少要提前5分钟到达。如果是一个小时的路程，就多提前半小时出门，要把可能出现的各种情况考虑在内。在约好的前一天，通过各种方式提醒对方第二天的约会和约会时间。

8. 守信

要避免"言过其实"的承诺，或者是任何"言而无信"的行为。

有的时候原本能办成的事情，因为客观条件的变化，在实施上出现了问题，难以落实。所以那些明知无法办到的事情就不要承诺能做到，千万不要为了所谓的"面子"打肿脸充胖子，要把真相告诉对方，并真诚道歉。

交友忠告：成功的沟通和交流者，其最具优势的一点就是能做到诚信。一个人可以没有出色的外表、出色的谈吐，但绝对不能没有诚信。诚信，能让你成为一个最受欢迎的交流对象。哪怕一件小事，只要答应了就要做到，不要忽视了小事的作用。

9. 送礼

送礼也是一种礼貌，一种友谊的表达方式，是促进人际关系的一种手段。

送礼虽然重要，但礼物的价值不应该建立在利益的磅秤上，只要做到"礼轻情义重"就可以了，所送的礼物不一定要价格不菲，因为礼物不是为了要讨好别人，而应该是一种内心情义的表达方式。

要想使礼物具有合适的意义，就需要送礼的人费点心思，了解对方的身份、爱好、习惯，甚至宗教信仰，免得因为所送礼物的不恰当而破坏和影响了人与人之间的关系，引起不必要的麻烦。

交友忠告：把你的朋友根据亲疏分类。对较少联系的朋友，在逢年过节的时候发一封电子贺卡；对经常联系的朋友，要清楚对方的生日等信息，送上适合的礼物。在送礼前，先了解对方有无忌讳，如果实在没把握，主动询问对方也是可以的。礼物最好提前或当天送到对方手里，接受礼物的时候不要打听物品的价值，回礼要适中，不要过分高于或低于所接受的礼物。

10. 面对"嫉妒"心理

当别人取得了优越地位、更好的成绩时，人们往往会产生一种感情，这就是嫉妒。

把精力集中在积累知识上，让自己忙碌起来，这样就不会有闲余时间去胡思乱想了，也就能避免产生嫉妒的心理。等你做出了成绩之后，你就会发现嫉妒心已经消除了。

交友忠告：当出现嫉妒心的时候，首先要让自己平静下来，只有平静的心态才能理智地调整这种情绪。从自己的角度多想想，嫉妒是一种自我伤害的情感，不如把嫉妒化成动力，以取得更好的成绩。从双方的角度多想想，嫉妒会破坏朋友之间的感情，既然是朋友，以后就能帮到自己，又何必嫉妒呢。

11. 严以律己，宽以待人

严格要求自己，做到自我批评和自我检讨，但只靠自己找缺点是不对的，还需要有别人的帮助，毕竟"当局者迷"。还要记得，不能完全以别人作为自己的"标准"。当然，严以律己不仅表现在别人面前，自己独处的时候也应该一样。伟大的革命家列宁就说过这样的话："既应该在所有人面前是正直的人，也应该在自己的良心面前是正直的人。"

所谓宽以待人就是善意地对待别人的不足和缺点。因为无论在谁身上，都有至少一两个缺点，有的缺点在别人看来难以接受。每个人都会犯错，包括自己，可是我们往往能很快原谅自己，却无法原谅别人，这是软弱的表现，因为你只敢面对自己的过错，却无法面对别人的。对人要有宽容之心，有的时候知道对方的做法是无心的，就不要把这件事再放在心里，而应该忘了它。

交友忠告：当你犯错的时候，渴望得到别人的谅解，得到别人的支持。同样的，当你面对一个犯错的人时，对方也抱着同样的心情。所以，打开你心里的那扇窗户吧！你会发现，当你对别人表示宽容的同时，也会得到同样的回报，而你的朋友会越来越多。

12. 良好的第一印象

真正良好的第一印象是由内而外的，包括得体的仪表、大方的态度、自信的语言等多个方面。企业招聘的时候，对第一印象非常重视。现在很多年轻人去应聘工作的时候，拼命把自己打扮成俊男靓女，外形看起来几乎无可挑剔。但是说话时，夸张的手势、言语或没有自信的举止，都让招聘单位大失所望。

交友忠告：把第一次见面当成一件极其重要的事情，要把能考虑到的各种情况都关照到，如果第一次没做好，就必须要付出更大、更多的努力才有可能让不良的第一印象消除。

56. 做错事情，却不想着主动认错

古人云："人非圣贤，孰能无过？"实践证明，这是一条真理。试想，我们每个人谁能保证自己一生不犯错误？特别是在参加工作进入社会后，更难免会出现这样或那样的错误和过失。所以，我们没有必要害怕犯错误，有的人犯了错误，会主动承担，重新来过，这样的人是很容易建立起自己的成功的；而有的人却不会主动认错，而是推卸责任，这不但是职场的大忌，更是性格中的一个致命缺点了。

人们对待错误和过失的态度真的是大不一样。有的人坦率认错，知错就改；有的人却遮遮掩掩，拒不认错。经过分析，拒不认错的人多是因为死要面子，认为承认错误就意味着自己失了颜面，没了威信。他们拒绝认错的一种主要表现形式就是解释，他们解释的理由很多，或是反复强调自己良好的初衷和本意；或是解释出现错误在于外界的干扰；或是解释别人对事情没有交待清楚；或是解释不具备把事情办好的客观条件，等等。他们解释时理直气壮，想以此来证明责任不在自身，从而达到"找安慰"、"下台阶"的目的，以为这样就可以保住面子。殊不知这样做的结果却是颜面尽失，威望大跌。

其实，有了错误并不可怕，只要勇于承认，努力改正，不仅可以得到大多数人的谅解，还能有助于自我完善。敢于认错是强者风范，敢于认错是一种美德，是成熟的表现。然而能主动承认错误却并非易事，因为这既要有否定自己的勇气，又要有胸怀坦荡的境界。具体说就是首先要闯过爱面子这一关。

爱面子，是人的一种本能，是人维护自尊心的体现。自尊心是自我尊重，并希望被尊重的一种心理状态。健康的自尊心表现为既能正确认识自我、又能正确认识和对待别人的平衡心态。然而，自尊心过强就会形成虚荣心。虚荣在字典里解释为：表面上的荣耀，虚假的荣誉。心理学认为：虚荣心是一种扭曲了的自尊心，是自尊心的过分表现，是一种追求虚表的性格缺陷，是为了取得荣誉和引起普遍的注意而表现出来的一种不正常的社会情感。

在日常生活中，人人都有自尊心，人们都希望得到周围人的承认。自尊心

强的人，对自己的声誉、威望等比较关心，而虚荣心强的人会过分强调自我，要求别人尊重自己，把别人的批评视为对自己不尊重、不理解，不肯接受别人的批评，不肯承认自己的错误，为了面子千方百计去掩饰自己的错误。

人犯了错误，就如同脸上有了一个墨点，经常注意照镜子的人，自己会及时发现并洗干净，这就是自省；照镜子少的人，经别人提醒后及时洗干净，依旧漂亮，这就是勇于承认错误；掩饰错误，就如同用手遮盖，结果是把墨迹扩大，使整个脸变得更脏。所以有错误的人必须明白，不管自己承认与否，错误都是客观存在的，即使你自己不承认，别人依然可以看得到。所以，认识掩饰错误的危害性十分重要。

勇于承认错误是一种美德，当年诸葛亮为了灭魏六次出师，明知不可为而为之，不屈不挠，经受了各种打击。虽然壮志未酬，但其志可嘉，给后人留下了尽忠职守，鞠躬尽瘁，死而后已的光辉形象，乃当代之豪杰，万世之楷模，为后人所敬仰！做人要敢于承担，勇于承认错误，力求改进与补救。这种精神，不但是在遇到大事件的时候需要发挥出来，日常的小事，也会让这种精神显得至关重要。

王昕出门办事时，上司催她快点回来，说部门要开个会。路上堵得厉害，上司让他三点之前回到办公室，结果四点半王昕才慌慌张张地跑回来。一进办公室，上司就冲她大发雷霆，质问她为什么这么晚才回来，影响大家开会。王昕本来在出租车里已经憋了一肚子火，现在上司不仅不体谅自己，反而朝自己发火，于是她委屈地跟上司申辩并顶撞起来。听到吵架声，大老板过来了，于是，刚进公司才几个月，王昕就被大老板当众炒了鱿鱼！

王昕的上司该不该体谅王昕呢？也许上司应该体谅一下王昕，但是，如果王昕一进门就说句"对不起"，并主动向上司道歉，那结果可能就不一样了。

说声"对不起"，就会海阔天空。"对不起"并不代表你真的犯了什么大不了的错误，或者做了什么伤天害理的事。"对不起"只是一种软化剂，使你们双方都有后退的余地，为下一步的交流沟通创造条件。

其实职场之中，谁能保证自己不犯错误呢？做了错事，要勇于认错，说句软话没什么大不了的，令上司听了心里舒服，你又得到了谅解，有什么不好呢？不管是不是有意，出了错马上道歉，可以消除对方的不愉快和尴尬。可以化解对方心头的不满，让两人的心情豁然开朗，重新一起面对工作的挑战！

犯错之后极力掩饰是人的本能，每个人都会有这种心态，但作为职场新人，你不能用"我没有经验"或"我不清楚"作为借口宽容自己。勇于承担错误是职场成功的前提之一。即使你犯的错误微不足道，如果你选择了逃避，它会成为你工作中无法逾越的鸿沟，让你不能从错误中吸取教训，从而阻碍你的成长。

如果你推卸责任，硬要坚持，不肯承认自己的过失，反过来还要倒打一耙，把错误推在别人身上，那么，你就等于把自己塞进了牛角尖。其实，在工作上谁都会有一些失误，对于职场新人来说，更是如此。问题的关键不在于你犯不犯错误，而在于你对待错误的态度。出了差错，就要有一颗认错的心，态度谦和，谁还会固执得揪着你不放呢。如果只会一味地抱怨别人，不肯从自己的身上找原因，上司一定会觉得你固执己见、顽固不化，也定会引起同事的不满，下次需要合作的时候，谁也不愿意配合你。在办公室保持融洽的工作氛围非常重要，如果你一旦被周围的人孤立起来，找不到志同道合的合作伙伴的话，你离被炒鱿鱼的日子就不远了。

一个优秀的职场人懂得在适当的时候承认错误，承担责任，这样他将更容易赢得别人的理解甚至尊敬。在职场中，拥有良好的人际关系是最大的财富之一，它能使你如鱼得水，左右逢源，立于不败之地。

因此，当你不小心出了差错，最好的办法就是勇敢地认错。事实上，你的上司也不是圣人，他也会有出现失误的时候，所以，上司一般不会因为你犯个小错，就全盘改变对你的看法。当然，光承认错误还远远不够，你还得提出具体纠正错误的方法，这样你不但能让上司看到你的坦诚，同时也让上司看到了你处理问题、改正错误的能力。

在工作中，你不小心出现了失误，也没有必要过于计较。在现代职场上，无论你多么风光，多么倒霉，一天之后，它们便都会随着时光流散，成为过去。你的风光或你的失意，只有你自己记得清楚，如果你能够敞开胸怀，坦然处之，凡事看淡一些，那么它们就没有什么大不了的。快乐或失意，如昨日的风一样成为过眼烟云。对于这一点，我们所崇敬的很多伟人，都已经做出了表率。

有一出戏叫《包公误》，里面讲包公铡了陈世美后，有一次断错了案，将边关元帅狄龙误判为谋杀太子的凶手，把狄龙的妻子，先锋官段红玉召了回来。幸亏包公义子包贵一再劝阻，他才重新查访，终于发现这是个冤案。真相大白后，包公严以责己，当着狄龙夫妇之面，亲请御刑，并要求包贵对他按法论罪，以儆百官。

在这个故事中，我们可以发现，再聪明的人也可能犯错误，作为"青天大老爷"的包公，居然还能在犯错之后主动承认错误、承担责任，就不能不引起我们的深思了。作为我们普通老百姓也罢，一般职员也罢，当官的或领导干部也罢，都要学习包公的这种美德，敢于自责，勇于认错，主动担责。

孔子说："厚以责己，薄以责人。"、"躬自厚，而薄责于人，则怨远矣。"意思很明确，就是要求我们要重于责己，少责于人，这样就不会被别人埋怨，就能远离祸端。一个懂得自责的人，必然会薄以责人，宽以待人。我们在自责的同时，还有一点要注意，那就是不管是谁的问题，都要善于从中吸取教训，从自己的身上找教训，从他人身上学教训，在处事之中吸取教训，努力改正自己的缺点、错误，丰富自己的知识，开阔自己的视野，眼光要长远，胸襟要开阔，做人要大气，办事要稳妥，处事要得法，为人要诚实，处世要灵活，当官要廉洁，干事要清白，做人要踏实，牢记"做人不亏心，做事不亏人，做官不亏德"，不断完善自我，向着完美境界攀登。

第十章

困难的尽头都是甜

"苦尽甘来"、"失败是成功之母"、"困难是一笔财富"……这些话大家都会说，真正做到的又有几个？年轻人初入社会遇到困难那简直是家常便饭，这时候，就需要看你是不是真的能够按照这些俗语去做了。你要在困难中不断学习，不断攀登，才能不枉费老天"赏赐"给你的困难，也不枉费自己的付出。

58. 遇到一点困难就想放弃

　　成功贵在坚持。坚持说起来容易，但是真正做到很难，有些人面对困难时放弃了追求，有些人在即将到手的成绩面前止步不前，最终真正能坚持到底的只是少数人，所以虽然人人心中都有目标，但成功往往只属于少数人。

　　世上无难事，只怕有心人。面对困难的时候，要勇敢、执着、不畏艰辛地去战胜它！如果我们没有经历危难而得胜，就不是光荣的胜利。本领是从困难中学会的，没有困难就没有智慧，困难是人的教科书，逃避困难，就是决断力的丧失。

　　所以我们在面临困难时一定要勇于面对、敢于挑战、善于应对、贵于坚持。"天将降大任于斯人也，必先苦其心志，劳其筋骨，饿其体肤，空乏其身，行拂乱其所为，所以动心忍性，增益其所不能。"

　　面对困难和挫折时，我们要勇于面对，不退缩、不逃避，勇敢地突破这些挫折和困难。面对困难，如果你选择了放弃，那么你永远不会成功。因为成功者的字典里没有"放弃"这两个字。我曾听人说过，有一位从国外回国的某博士后，由于国内的人文环境不适于他在事业方面的发展，无法面对困难，于是选择了"11层高楼"，纵身一跳，不但没有取得什么成就，而且还辜负了父母、国家对他的培养！多么可惜，多么悲哀呀！没有人能够随随便便成功，没有人能够一帆风顺地实现自己的目标与理想，只有勇敢面对困难、挫折，才能走出泥泞，看到希望，走向美好的明天！人生路上有阳光，也有风雨，更有艰难险阻、深渊悬崖，只要你充满信心与勇气，就一定能阳光地走过这一程！

　　人生不如意十之八九，每个人都渴望成功，然而成功路上总会有挫折、困难和失败。失败并不可怕，可怕的是你失败时不能勇敢的去面对。面对失败我们需要做的是坚持，坚持才能成功！

　　有时侯，往往成功离我们只有一步之遥，然而，我们退缩了，给自己留下了终身遗憾。有一幅漫画是这样的：一个人想挖一口井，换着挖了好几个地方都没有挖出水来，有一次他眼看就要挖到了水，只要再坚持一下，就能够成功了，但是他选择了放弃，扛着铁锹离开了。他挖井的目标始终没有实现！

在人生事业的路途上，当我们遇到挫折时，或感叹自己命运不济时，最明智的选择就是坚持。哪怕这条道路十分漫长、崎岖，都不要轻易放弃。困难面前要告诉自己：坚持、坚持、不要放弃，绝不能放弃！暴风雨过后就会有彩虹！用信念给自己力量，等待暴风雨的结束。这样，坚持到别人都坚持不了的时候，你就是最后的成功者。绝不要轻言放弃，否则可能会造成终身遗憾。

英国首相丘吉尔曾经被邀请到大学演讲一个关于成功的话题。这件事轰动了整个欧洲，因为丘吉尔本身就是一个顶尖级的成功人士，而他演讲的话题是关于成功的"秘诀"。演讲当天，会场被挤得水泄不通。演讲开始，全场掌声雷动。然而，丘吉尔却只是说："成功的秘诀有三个。""第一个，是绝不放弃。""第二个，是绝不、绝不放弃！""第三个，是绝不、绝不、绝不放弃！"很长时间的寂静后，是暴风骤雨般的掌声。

成功＝切实的目标＋敏锐的眼光＋果敢的行动＋持续的毅力！这个公式告诉我们：没有坚持，即使有切实的目标和敏锐的眼光也无济于事！

坚持不是句空话，坚持需要不懈地努力，勇于面对困难和挫折，不懈地努力，那么，成功可能就在眼前。一个人想干成大事，克服一两次困难也许并不难，难的是能够持之以恒地做下去，直到最后成功。能够做到这一点，你就离成功不远了。失败了再干，再失败再干，最终成功，这就是成功的规律。坚持是一个不断总结经验教训，不断提高自己的过程，人生的过程就是一个不断坚持、不断积累的过程，每一次失败都会让我们变的聪明一些，让我们离成功更近一些。奋斗过程中，即使跌倒了一百次，只要你能再站起来、大声说："我还要继续"，那么你肯定就是赢家。

荀子说："骐骥一跃，不能十步，驽马十驾，功在不舍。"说的是骏马虽然比较强壮，腿力比较强健，然而它只跳一下，最多也不能超过十步；相反，一匹劣马虽然不如骏马强壮，然而如果它能坚持不懈地拉车走下去，照样也能走得很远，它的成功在于走个不停，也就是坚持不懈。"水滴石穿，绳锯木断。"为什么微不足道的水能把石头滴穿？柔软的绳子能把硬梆梆的木头锯断？这还是坚持。一滴水的力量是微不足道的，然而许多滴水坚持不断地冲击石头，就能形成巨大的力量，最终把石头滴穿。成功之前难免有失败，然而只要能克服困难，坚持不懈地努力，那么，成功就在眼前。

58. 还没有做，就说自己不行

学过一点点哲学常识的人，都知道这么一句话："实践是检验真理的唯一标准。"如果很多事情你不去试一试就说自己不行，显然是懦夫的表现。趁着年轻，多去试一试，不要怕失败，因为你时间还多，还可以重新来过。如果你不去尝试的话，也许会留下终身的遗憾。

机会总是给有准备及敢于尝试的人留下的。没做就说自己不行是没自信的表现。生活中不是困难太多，而是敢于面对困难的信心不足，敢于挑战困难的勇气太少。所以我们要在任何时候都对自己有信心，同时要客观的看待自己面临的困难。

爱因斯坦说："自信是向成功迈出的第一步。"罗曼·罗兰说："先相信自己，然后别人才会相信你。"徐特立说："任何人都应该有自尊心、自信心、独立性，不然就是奴才。但自尊不是自傲，自信不是自满，独立不是孤立。"苏轼说："古之立大事者，不唯有超世之才，亦必有坚忍不拔之志。"只要我们信心十足地面对生活，相信我们会战胜一切困难。世界上能够变得伟大的人，正是那些有志在生活中尝试和解决人生新问题的人，人生不怕百战失利，就怕灰心丧气。古往今来很多名人都用他们的实际经历向我们证明了这一点。

人只要充满自信心，就可能战胜困难而获得成功。这是德国精神学专家林德曼用亲身实验证明了的。林德曼认为，一个人只要对自己抱有信心，就能保持精神和肌体的健康。当时，德国上下都关注着独身横渡大西洋的悲壮冒险，已经有100多名勇士相继驾舟均遭失败，无人生还。林德曼推断，这些遇难者首先不是从肉体上败下来的，主要是死于精神崩溃、恐慌与绝望。为了验证自己的观点，他不顾亲友的反对，亲自进行了实验。1900年7月，林德曼独自驾着一叶小舟驶进了波涛汹涌的大西洋，他在进行一项历史上从未有过的心理学实验，预备付出的代价是自己的生命。在航行中，林德曼博士遇到难以想象的困难，多次濒临死亡，他眼前甚至出现了幻觉，运动感觉也处于麻木状态，几乎时时充斥着绝望之感。但只要这个念头一升起，他马上就大声自责：

懦夫，你想重蹈覆辙，葬身此地吗？不，我一定能成功！终于，他胜利渡过了大西洋。

爱因斯坦的《相对论》发表后，有人炮制了一本《百人驳相对论》，爱因斯坦对此不屑一顾，他说："假如我的理论是错的，一个反驳就足够了，一百个零加起来还是零。"

琴纳是英国医师。他在200多年前证明了接种牛痘可以使人免除天花。这一结论，在当时遭到多方面的强烈反对。有人说他亵渎神明；有人指责他把人当牲口；有人提议剥夺他行医的权力；有人提议把他开除出医学会。但琴纳不理会这些世俗的偏见和恶意的攻击，坚信自己的结论是正确的。他说："让人家去说吧，我走我的路！"事实证明了他的科学结论。琴纳靠自信，打开了免疫学的大门，并因此拯救了无数的生命。

日常生活中，因为自信而获得成功的事例也屡见不鲜。

几位应聘者同时到了应试办公室，时间到了，仍不见主考官。有人便坐下来修指甲；有人则东张西望；有人则不停地打呵欠，像是上辈子睡不够似的……只有一个人大摇大摆地来到经理办公室询问。结果，他成功了，公司最终选中了他，因为他的行动充满自信。

珍妮是个总爱低着头的小女孩，她一直觉得自己长得不够漂亮。有一天，她到饰物店去买了只绿色蝴蝶结，店主不断赞美她戴上蝴蝶结挺漂亮，珍妮虽不信，但是挺高兴，不由昂起了头。珍妮走进教室，迎面碰上了她的老师，"珍妮，你昂起头来真美！"老师爱抚地拍拍她的肩说。那一天，她得到了许多人的赞美。她想一定是蝴蝶结的功劳，可往镜前一照，自己的头上根本就没有蝴蝶结，一定是掉在了路上。自信原本就是一种美丽，而很多人却因为太在意外表而失去很多快乐。无论是贫穷还是富有，无论是貌若天仙，还是相貌平平，只要你昂起头来，快乐会使你变得可爱。

孔子门徒颜渊说："舜是什么样的人，我也是什么样的人，有作为的人都会像他那样。"亚圣孟子说："一切我都具备，反躬自问，自己是忠诚踏实的，便是最大的快乐。"大诗人李白说："天生我材必有用。"数学家阿基米德说："给我一个支点，我能撬起地球。"马克思最喜欢的人生格言是："人所具有的我都有。"毛泽东说："俱往矣，数风流人物，还看今朝。"一个人立身处世需要有自信。人能自信，才能知其必为而拼力为之；人能自信，才能知其可为而全力而为；人能自信，才能知其难为而勉力为之。能自信，才能有发愤忘食，孜孜以求的内在支撑；能自信，才能有临渊不惊，临危不乱的英雄本色；能自信，才能有知难而进的斗士勇气；能自信，才能对自己的生活充满信心，才能对未来充满信心；能自信才能有未来。能自信方能自强。但是，一个人光有自信还不行！还要有自己奋斗的目标和为达到此目标而奋斗的决心和计划！让我们满怀自信，一起为了实现最美好的人生而努力奋斗吧！

59. 过分夸大你所面对的困难

许多困难，其实是人们凭空想象出来的。不自信的人，往往把困难想象得比实际的大，他们被自己心中想象出来的困难所吓倒，从而丧失了许多成功的机会。而具有积极心态的人，他们能正视困难，他们相信，只要去做，总会有成功的机会。

心理学家威廉·詹姆斯曾提醒大家：你每天都做一两件你应做但不想做的事，这能减轻精神负担，同时让你觉得愉快。

一个心理专家常常见到一些年轻患者，他们消沉慵懒，做起事来不带劲。在谈话中，他们承认生活习惯差，晚睡晚起，有时睡到中午才起床。颓废的感觉，加深了他们的自责，使他们经常陷入消沉的情绪状态。由于工作不力，一连换了几个工作，还是被炒鱿鱼。这些人既非忧郁症，也不是情绪失调。他们的问题出在不肯面对难题。医生问："你何不早上去运动，天天训练你的体能？""这太难了，我爬不起来！""你要认清楚，这就是你每天该做的事，因为你不想做，就得承受疲惫的后果。如果你先付出运动的代价，就能享受精神振作的报酬。""我还是爬不起来，没有兴趣出去做运动。"

有一次，一位年轻人说，他只做容易的事，对于困难的事，总是找个理由，把它搁在一旁。他还理直气壮地表示："就像在学校做考卷一样，会的先做，不会的有时间再去想，事实上，我根本没有时间去想那些难题。"医生恍然大悟，一个人竟然会在考试中学会逃避困难和繁琐的事。

这些不愿意面对难题的人，往往是任性的，在情绪上表现为冲动和失控。他们有个共同的行为模式：先玩再说，不想承担后果。这些人就算成年，也会习惯性地逃避所有的重要工作和困难的问题，于是过着失败的生活。他们的生活杂乱无章，情绪易冲动，婚姻不幸，意外事故发生率也高。

勇于面对困难和耐心应付令人厌烦的事是一种习惯。人一旦养成这个好习惯，做起事来就会称心顺意。许多人都怕麻烦，或者畏惧困难，于是养成了逃避责任和临阵脱逃的习惯。人一旦养成拈轻怕重，不能面对生活与工作的挑战的毛病，就会成为性格上的一大弱点。怕麻烦，畏惧困难，会使人先挑容易的做，而跳过难题不做。这一来，就会失去获取知识、能力和经验的机会。心智的成长会陷于停顿，对于生活在变迁快速社会的现代人，往往会造成无能力的落后现象。心理学家们承认，延缓回报是适应生活与工作必备的能力。也就是说，如果你不愿意奉行先苦后乐，不肯把该做的事做好再行享受回报，就会陷于先乐后苦的悲剧。

有些人喜欢把时间花在眼前有回报的事上，而对于生活与工作的基本面，不肯多花工夫扎下厚实的基础。例如只顾赚钱，而忽略家庭、生活质量与健康。他们把这些基本而重要的事，视为困难和麻烦，对此做长期的拖延搁置，终究会失去幸福。

有个名为琼斯的新闻记者，极为羞怯怕生，有一天她的上司叫他去访问大法官布兰代斯，琼斯大吃一惊，说道："我怎能要求单独访问他？布兰代斯不认识我，他怎么肯接见我？"

在场的一个记者立刻拿起电话打到布兰代斯的办公室，和大法官的秘书通话。他说："我是明星报的琼斯（琼斯在旁大吃一惊），我奉命访问法官，不知道他今天能否接见我几分钟？"他听对方答话，然后说："谢谢你，1点15分，我按时到。"他把电话放下，对琼斯说："你的约会安排好了。"

事隔多年，琼斯对这件事仍念念不忘，她说道："从那时起，我学会了单刀直入的办法，做来不易，却很有用。第一次时克服了心中的畏怯，下次就比较容易一点。"

1864年，美国南北战争结束后，一位叫马维尔的记者采访林肯。

马维尔问道："据我所知，上两届总统都曾想过废除黑奴制，《解放黑奴宣言》也早在他们那个时期就已草就，可是他们都没拿起笔签署它。请问总统先生，他们是不是想把这一伟业留下来，去成就您的英名？"

林肯回答道："可能有这意思吧。不过，如果他们知道拿起笔需要的仅仅是一点勇气，我想他们一定非常懊丧。"

这段对话发生在林肯去帕特森的途中，马维尔还没来得及问下去，林肯的马车就出发了，因此，他一直都没弄明白林肯的这句话到底是什么意思。直到1914年，林肯去世50年后，马维尔才在林肯致朋友的一封信中找到答案。在信里，林肯谈到幼年的一段经历：

"我父亲在西雅图有一处农场，上面有许多石头。正因为如此，父亲才得以较低的价格买下它，有一天，母亲建议把上面的石头搬走。父亲说如果可以搬走的话，主人就不会卖给我们了，它们是一座座小山头，都与大山连着。"

"有一年，父亲去城里买马，母亲带我们在农场劳动。母亲说，让我们把这些碍事的东西搬走，好吗？于是我们开始挖一块块石头，不长时间，就把它们弄走了，因为它们并不是父亲想象的山头，而是一块块孤零零的石块，只要往下挖一英尺，就可以把它们晃动。"

林肯在信的末尾说，"有些事情一些人之所以不去做，只是他们认为不可能。有许多不可能，只存在于人的想象之中。"

读到这封信的时候，马维尔已是 76 岁的老人了，就是在这一年，他正式下决心学汉语。据说，1922 年，他在广州采访时，是以流利的汉语与孙中山对话的。

"有许多不可能，只存在于人的想象之中。"可惜，能知道这个道理的人少之又少，大多数人，总是习惯于夸大困难，不愿去尝试和努力。

所以，现在你要学习的就是，面对困难，不要先去想着逃避，把你该做的事做好。心智的成长和成功，蕴藏在困难和麻烦的事项里。勇敢面对困难是成长的关键。每日都做一两件该做而不想做的事，这样面对困难时不但会令你喜悦，而且令你有成就感。

60. 为失败找借口

　　人们渴望成功，不愿失败。却不知道妨碍成功，甚至导致失败的致命点，就在自己的心里，那就是借口。如果任何事情，任何困难，你都给自己找一个冠冕堂皇的借口，那么，你是永远不可能从失败中学习和成长的。

　　在美国的西点军校，如果有学长或长官问你："为什么不把鞋子擦亮？"你如果回答说："哦，我没时间擦。"这样的回答得到的只能是一顿训斥。因为对方要的是结果，而不是喋喋不休，长篇大论的辩解！

　　"没有任何借口"是西点军校奉行的最重要的行为准则。它认为：每一位学员要想尽办法去完成任何一项任务，而不是为没有完成的任务去寻找任何借口。其目的是为了让学员适应压力，培养他们不达目的不罢休的毅力。它让每一位学员懂得：工作是没有借口的，人生也是没有借口的！

　　"没有借口"看起来似乎很绝对，很不公平。但是人生并不是永远公平的。这句话就是要让学员明白：无论遭遇什么样的环境，都必须学会对自己的一切行为负责！学员在校时是学生，但日后却肩负着自己和其他人的生死存亡乃至整个国家的安全。在生死关头，你还到哪里去找借口？找到了借口又能怎么样？"没有任何借口"的训练，让西点学员养成了毫不畏惧的决心、坚强的毅力、完美的执行力，以及把握每一分每一秒去完成任何一项任务的信心和信念。

　　但不幸的是，在生活中，我们经常会听到这样或那样的借口，告诉我们不能做某事或做不好某事的理由。它们冠冕堂皇，却成为我们失败的根本原因。

　　人生不会因为经历太多失败，就停止前进的脚步。老天对待每个人都是平等的，为什么有的人会成功，而有的人却会失败呢？失败的人往往都是在为失败而找借口，不懂得如何对待失败，从而放弃了。换种角度来看，失败何尝不是一件好事，只有失败才能让你更加清楚地看清事情的真相，才能有更大的信心再努力，去迈向新的成功。工作中出现问题时，我们因为害怕领导批评，而习惯性地去找客观原因，而不是自我检讨，这其实是一种逃避，也是纵容自己失败的温床，这样你注定一辈子是失败者。不怕失败，怕的是不能从失败中认清自己。

但是，有很多人无法接受失败，他们认为失败是一种很不光彩的事，每当失败时他们总会为自己的失败找借口，找理由。当他们做事不顺心时，当他们学习不好时，当他们参加了各种比赛没有获奖时，就会怪罪于他人，为自己的失败找"出口"，这也是所有不成功的人的共同特征。

正因为他们将所有的精力与时间都花在寻找一个更好的借口上，因此，即使下一次重新开始，失败仍是必然的。

相反，那些成功人士在遇到困难时，总会想办法解决，而不是为自己找一堆无用的借口，借其掩饰自己的过错和失败。他们知道借口是事业成功的最大障碍，凡事要从自己的身上找原因，而不是怨天尤人。只要你能把你的能力和乐观进取的精神表现出来，就能取得渴求的成功。

日本有一段格言是这么说的："人摔倒，一定是斜坡惹的祸，没有斜坡的话那一定是石头，没有石头的话，就一定是因为鞋子……"这大概就是人的本性吧！

任何人都希望自己是完美无缺的，即使有了过失也不愿承认是自己的错，只好找些借口来解释自己的行为。然而，凡事都以借口搪塞的话，你将很难进步。唯有认清自己的缺失，才能不断向前迈进。

生活中，大多数的人一旦做事失败或者被批评的时候，总是会找出各种借口，因为他害怕承担错误，害怕被人笑，或者只是想得到暂时的轻松和自我解脱。上班迟到了，可以说是因为堵车；工作弄砸了，可以说是领导决策错误；客户不满意，可以说是对方过于苛刻；升不了职，可以说领导偏心等。可以毫不夸张地说，借口就是一个掩饰自己弱点、推卸责任的"万能器"。有多少人把宝贵的时间和精力放在了如何寻找一个合适的借口上，而忘记了自己的职责和责任。更为可怕的是，借口还常常是一张敷衍别人、原谅自己的"挡箭牌"，容易扼杀人的创新精神，让人消极颓废。它更是一剂鸦片，让你一而再、再而三地去尝试它、依赖它，逐渐地让你变得心虚、懒惰，遇到困难就退缩，最终丧失执行能力。

休斯·查姆斯在担任"国家收银机公司"销售经理期间曾面临过一种最为尴尬的情况：该公司的财政发生了困难，这件事被在外面负责推销的销售人员知道了，并因此失去了工作的热忱，销售量开始下跌。到后来，情况更为严重，销售部门不得不召集全体销售员开一次大会，全美各地的销售员皆被召去参加。查姆斯先生主持了这次会议。

首先，他请出最佳的几位销售员站起来，要他们说明销售量为何会下跌。这些被唤到名字的销售员每个人都有一段最令人震惊的悲惨故事要向大家倾诉：商业不景气，资金缺少，人们都希望等到总统大选揭晓后再买东西，等等。

当第五个销售员开始列举使他无法完成销售配额的种种困难时，查姆斯先生突然跳到一张桌子上，高举双手，要求大家肃静。然后，他说到："停止，我命令大会暂停10分钟，让我把我的皮鞋擦亮。"然后，他命令坐在附近的一名黑人小工友把擦鞋工具箱拿来，并要求这名工友把他的皮鞋擦亮，而他就站在桌子上不动。在场的销售员都惊呆了。他们有些人以为查姆斯先生疯了，人们开始窃窃私语。在这时，那位黑人小工友先擦亮他的第一只鞋子，然后又擦另一只鞋子，他不慌不忙地擦着，表现出一流的擦鞋技巧。

皮鞋擦亮之后，查姆斯先生给了小工友一毛钱，然后发表他的演说。他说："我希望你们每个人，好好看看这个小工友。他拥有在我们整个工场及办公室内擦鞋的权力。他的前任是位白人小男孩，年纪比他大得多。尽管公司每周补贴他5元的薪水，而且工场里有数千名员工，但他仍然无法从这个公司赚取足以维持他生活的费用。这位黑人小男孩却可以赚到相当不错的收入，还不需要公司补贴薪水，每周还可以存下一点钱来，而他和他的前任的工作环境完全相同，也是在同一家工场内，工作对象也完全相同。"

"现在我问你们一个问题，那个白人小男孩没有得到更多的生意，是谁的错？是他的错，还是顾客的？"

那些推销员不约而同地大声说："当然了，是那个小男孩的错。"

"正是如此。"查姆斯回答说，"现在我要告诉你们，你们现在推销收银机和一年前的情况完全相同：同样的地区、同样的对象以及同样的商业条件。但是，你们的销售成绩却比不上一年前。这是谁的错？"同样又传来如雷般的回答："当然，是我们的错。"

"我很高兴，你们能坦率承认自己的错。"查姆斯继续说，"我现在要告诉你们。你们的错误在于，你们听到了关于本公司财务发生困难的谣言，这影响了你们的工作热忱，因此，你们不像以前那般努力了。只要你们回到自己的销售地区，并保证在以后30天内，每人卖出五台收银机，那么，本公司就不会再发生什么财务危机了。你们愿意这样做吗?"

经过这次会议,许多推销员们都调整了自己的心态和工作态度,更加努力地工作,终于使销售量回到了正常水平。那些他们曾强调的种种借口:商业不景气,资金缺少,人们都希望等到总统大选揭晓以后再买东西等,仿佛根本不存在似的,统统消失了。

这个例子告诉我们,借口是可以被克服的。所以,不要总为你的失败找借口。

很多时候,借口往往是把"不"、"不是"、"没有"、与"我"紧密联系在一起,其潜台词就是"这事与我无关",不愿承担责任,把本应承担的责任推卸给别人和外界环境。早在战国时代,孟子就尖锐地讽刺了这类心态的荒谬性。一天,梁惠王问孟子,"为什么我国的百姓没有增加?"孟子回答说:"国君必须负起责任,积极采取措施实行王政,让百姓不饥不寒、养生丧死而无憾;如果君王对百姓漠不关心,看见狗吃人吃的东西这种奢侈的现象都不去管,路边有饿莩也不知道开仓救济,只是一味推脱说'这不是我的责任而是今年收成不好',这跟杀了人说'这不是我的过错,是凶器的过错'有什么区别吗?"所以,不要再为你的错误找借口了,学学西点军校的学员们,也许有一天,你也能成为自己所在领域叱咤风云的将领。

61. 缺乏重头再来的勇气

常言道:"失败是成功之母。"这似乎已成为老生常谈,但行动和言语有时是不相一致的。当你的成绩单上出现"红灯",或是在工作中遇到困难时,你的心中是否除了沮丧,别的一无所有?你是否意识到这失败之中孕育着成功的种子呢!失败了不要紧,重要的是看你有没有把一切归零,从头再来的勇气;这是很多人都缺乏的,是人生中必不可少的铺路石。

古代神话《山海经·海内经》中说鲧偷了天帝的息壤(可以生长的土)来挡洪水,没有成功。天帝命祝融杀死了鲧,但他虽死犹生。《归藏·启筮》云:"鲧死三岁不腐,剖之以吴刀,是以出禹。"这几句话是说:"禹是从鲧肚子里生出来的。他的父亲死后三年尸体不腐烂,最终生出了儿子禹。"这个失败的英雄壮志未酬、精神不灭,他把不屈的奋斗精神传给了下一代——禹。而禹就是在总结上一代经验教训的基础上,经过艰苦不屈的奋斗,用疏导的方法治服了洪水,获得了成功。

失败,人人都会经历。失败,其实并不可怕;失败,是奔向成功的第一步。

世上很少有一帆风顺的事,而失败却随时会有,否则,那些"发明家"、"文学巨人"的美名岂不轻易地落到每个人的头上去了。综观历史,那些出类拔萃的伟人之所以会取得成功,正是因为他们能正确对待失败,从失败中获取教训,从而踢开失败这块绊脚石,踏上了成功的大道,比如伟大的发明家爱迪生,一生的成功不计其数,一生的失败更是不计其数。他曾为一项发明经历了8 000次失败的实验,但他却并不认为这是种浪费,而是说:"我为什么要沮丧呢?这8 000次失败至少使我明白了这8 000个实验是行不通的。"这就是爱迪生对待失败的态度。他每每从失败中吸取教训,总结经验,就会取得一项项建立在无数次失败基础之上的发明成果。失败固然会给人带来痛苦,但也能使人有所收获;它既向我们指出工作中的错误缺点,又启发我们逐步走向成功。失败既是针对成功的否定,又是成功的基础,即"失败是成功之母。"

然而,在现实中成功并不是失败的积累,而是对失败的总结与超越。如不认识这一点，就会导致"失败越多越成功"的荒谬结论。比如数学上有名的平行公理，从它问世以来，一直遭到人们的怀疑。几千年来，无数数学家致力于求证平行公理，但却都失败了。数学家波里埃终身从事平行公理的证明却毫无成就，最终在绝望中痛苦地死去。正当这个问题像无底洞一般吞噬着人们的智慧而不给予任何回报时，罗巴切夫斯基在经过七年求证而毫无结果时，找出了失败的原因。罗巴切夫斯基在屡次失败之后，总结分析了失败的前因后果，从本质上认识了这一问题，从而取得了成功。由此可见，"失败是成功之母"是一条客观规律，但真要把失败向成功转化由可能变为现实，还必须经过不断的探索和科学的分析，从失败中吸取教训，指导今后的工作，这样才算没有"白白"失败。

年轻人在工作中容易失败，也容易灰心，因此，我们只有牢记"失败是成功之母"这一名言，树立起坚定的自信心，才能从失望中看见希望，从失败走向成功。

1832 年，林肯失业了，这使他很伤心，但他下定决心要当政治家，当州议员。糟糕的是，他竞选失败了。在一年里遭受两次打击，这对他来说无疑是痛苦的。接着，林肯着手自己开办企业，可一年不到，这家企业又倒闭了。在以后的 17 年间，他不得不为偿还企业倒闭时所欠的债务而到处奔波，历经磨难。随后，林肯再一次决定参加竞选州议员，这次他成功了。他内心萌发了一丝希望，认为自己的生活有了转机："可能我可以成功了！"1835 年，他订婚了。但离结婚的日子还差几个月的时候，未婚妻不幸去世。这对他精神上的打击实在太大，他心力交瘁，数月卧床不起。1836 年，他得了精神衰弱症。1838 年，林肯觉得身体良好，于是决定竞选州议会议长，失败了。1843 年，他又参加竞选美国国会议员，但这次仍然没有成功。林肯虽然一次次地尝试，但却是一次次地遭受失败：企业倒闭、情人去世、竞选败北。要是你碰到这一切，你会不会放弃？林肯没有放弃，他也没有说："要是失败会怎样。"1846 年，他又一次参加竞选国会议员，最后终于当选了。两年任期很快过去了，他决定要争取连任。他认为自己作为国会议员的表现是出色的，相信选民会继续选举他。但结果很遗憾，他落选了，因为这次竞选还使他赔了一大笔钱。之后，林肯申请当本州岛的土地官员，但州政府把他的申请退了回来，上面指出："做本州岛的土地官员要求有卓越的才能和超常的智力，你的申请未能满足这些要求。"然而，林肯没有服输。1854 年，他竞选参议员，但失败了；两年后他竞选美国副总统提名，结果被对手击败；又过了两年，他再一次竞选参议员，还是失败了。林肯一直没有放弃自己的追求，他一直在做自己生活的主宰。1860年，他终于取得了最大的成功，当选为美国总统。

坚持一下，成功就在你的脚下。一个人想干成任何大事，都要能够坚持下去，坚持下去才能取得成功。说起来，一个人克服一点儿困难也许并不难，难的是能够持之以恒地做下去，直到最后成功。

《简爱》的作者夏洛蒂·勃朗特曾意味深长地说："人活着就是为了含辛茹苦。人的一生肯定会有各种各样的压力，于是内心总经受着煎熬，但这才是真实的人生。"确实，没有压力就会轻飘飘的，没有压力肯定没有作为。直面压力，坚持往前冲，就能成就自己。你不妨再试一次，人生有许多"柳暗花明又一村"的时候。曾经的失败并不意味着永远的失败，曾经达不到的目标并不意味着永远达不到，你可以有自己的 梦想，你可以为自己的人生树立一个目标。如果你选择未来，那么你就是上帝的孩子；如果你选择过去，那么你可能仍是"弃儿"。过去可以决定现在，但不能决定未来。你的目标是为未来所设定，你在为你的未来作出选择。过去不等于未来。过去你成功了，并不代表未来还会成功；过去失败了，也不代表未来就要失败。过去的成功或是失败，那只代表过去，未来是靠现在决定的。现在干什么，选择什么，就决定了未来是什么！失败的人不要气馁，成功的人也不要骄傲。成功和失败都不是最终的结果，它只是人生的一个过程。因此，这个世界上不会有一直成功的人，也没有永远失败的人。在日常生活中，一个绝境就是一次挑战、一次机遇，如果你不是被吓倒，而是奋力一搏，也许你会因此而创造出超越自我的奇迹。

有些年轻人害怕失败，就像畏惧洪水猛兽一般，仿佛一次失败就注定了一生的失意，在一次的打击之后变得一蹶不振。挫折并不可怕，可怕的是在挫折面前放弃自己的理想。成功的人与失败的人的区别也就在于对待困难与挫折的态度：成功的人把困难当作一次认识自己的机会，从挫折中发现自己的不足，然后调整自己前进的步伐；而失败的人则在困难面前缴械投降，完全丧失斗志，最终流落于平庸。

利剑是在烈火的焚烧与铁锤的锤炼下才锋利无比，伟大的人才是在困难与挫折中奋争出来的，应该感谢这些与我们生活、成长形影不离的困难与挫折，是它们锻造了我们坚韧的性格、顽强的毅力、不屈的精神、向上的动力，才使我们有机会成为卓越的栋梁之才。

62. 给自己贴上小人物的标签

你是不是会在遇到事情的时候对自己说："我肯定不行，能力不够？"如果这样的情况常常发生，那你可就要注意了，因为你已经为自己贴上了"小人物"的标签。夹着尾巴做小人物，不出风头看来是正确的，但是，这其实存在着埋没我们才华的危险。正视自己，不肆意贬低自己，才是年轻人应有的态度。

世界上做的最久且最可靠的朋友就是你自己，而最会被人忽视又最无法躲避的朋友还是你自己。这样说来，最悲苦的孤独不是身边没有知己，而是心中遗弃了自己。同样，我们最需要的也不是来自别人的关怀，恰恰正是自立。连自己都不肯接纳自己，便无法要求这个世界给你一个位置，连自己都不敢正视自己，便无法到红尘中寻找理解。

其实，你是自己人生的作者，更是自己的读者，你是自己社会角色的演员，更是自己的观众。也许你做读者的境界深些，你的历史才会更有档次，也许你做观众的水准高些，你的角色才会更见功力，而我们有时常常不在意这些，于是我们学会了自我标榜，却很不乐意自我批判，学会了自我掩饰，而很难主动自我曝光。

正视自己，不是为了否定自己，而是为了防止片面，从而寻求到真谛，共同否定谬误，正视自己，也不是为了泄自己的气，而是为了平抑偏激，从而激荡清醒的志气。自己本身不是敌人，自己身上的错误、虚伪和偏见却是你做人的大敌，对于大敌熟视无睹和视而不见，终将为自己埋下了悲剧的种子和失败的隐患。

更多的时候，自己是你假想的对手，多和自己较量几个回合，才会有准备去和别人较量。可怕的不是被别人击败，而是明知自己实力不足、技术欠缺，自己又不去调整和改进状态，一败涂地。正视自己，尤其是在自己面对成功的时候，这样你才保持了赢家的姿态，你才不愧为自己心灵最忠实的朋友。

芸芸众生，每个人都有权利和机会享受生命，但并不是每个人都能够安享成功与幸福。有的人比较顺利地获得了极大成功，创造了自己灿烂的人生。有的人毕生也不能获得较大的成功。这其中原因多多，情况各异。有些人不能走向成功，不是因为他们无知，也不是因为他们害怕困难、害怕吃苦、不肯吃苦，更不是因为他们身处恶劣环境而埋没了才能，而是因为这些人缺乏自信，不相信自己能有更好的成就。

人有自信，就能在自己平凡的工作中树立远大的目标，胸怀美好的梦想，敢于向命运挑战，敢于去做事情，敢于向困难挑战，敢于冒一定的风险。当机会来临时勇于抓住机会，努力向着自己的目标步步迈进，最终使不可能成为可能，使可能成为现实。一个获得了巨大成功的人，往往是因为他们自信。而缺乏自信，往往会无欲望无企图，缺乏生活目标，缺乏远大理想，缺乏改变现状的动力。缺乏自信的人往往看不到生活的希望，往往在机会到来时白白丧失良机，使本来可能的东西变成不可能，使不可能变成毫无希望。他们往往得过且过、满足现状、碌碌无为，在默默无闻中了此一生。因此，可以说，没有自信，便没有成功。有人说，自信是成功的一半，这话真是说的太对了。如果不能充分认识这一点，有一天你会连原来的一半也丧失。自信的人敢于靠自己的力量去实现目标，自卑的人即使获得一些成功，也只是一时侥幸。

当初门捷列夫发现元素周期律后，有些反对他的人认为，表中留下那么多空白，就表明周期律不合理，有矛盾，甚至连他的导师也嘲笑他不务正业。但是门捷列夫没有因此而放弃他的科学观点，他根据周期律科学地预言一些当时还没有发现的元素和它们的性质。正因为他的预言和后来的实验结论完全一样，周期律才被科学界所承认并且引起广泛的重视。

居里夫人为了提取纯镭盐，以便测定镭的原子量，向科学证实镭的存在，曾终日穿着沾满灰尘和污渍的工作服，在极其简陋的棚屋里，用和她差不多一般高的铁条搅动铁锅，从堆积如山的沥青矿的废渣中寻觅镭的踪迹。条件极其艰苦，但她心里却充满自信。她对友人说："我们应该有恒心，尤其要有自信心！我们必须相信我们的天赋是用来做某种事情的，无论代价多大，这种事情必须做到。"她终于获得了成功，一举成名……

无数成功者的事例启示我们：事业成功固然有种种因素，但自信心是必不可少的条件。如果失去了自信心，将导致事业失败。

俄国的罗巴切夫斯基发表非欧几何理论之后，非但没有得到众人的承认，反而受到了不少人的攻击，甚至有人还给他戴上"精神病"、"疯子"、"怪人"

的帽子。但他毫不理会，毫不动摇，信心百倍地坚持研究，终于取得了成功，成为非欧几何学的创始人。匈牙利青年数学家波里埃 12 岁时就开始研究非欧几何，并取得了一定的成就。但在他的父亲的竭力反对以及未能得到别人的鼓励和支持的条件下，动摇了决心，丧失了信心，以至最终放弃了这一有价值的研究。这正反两例告诉我们，自信心在事业成功的道路上具有多么重要的作用。

自信的确在很大程度上促进了一个人的成功，从不少人的创业史上我们都可见一斑。自信可以从困境中把人解救出来，可以使人在黑暗中看到成功的光芒，可以赋予人奋斗的动力。或许可以这么说："拥有自信，就拥有了成功的一半。"

同样两个努力工作的人，自信的人在工作时总会以一种更轻松的方式度过。当很好地完成了任务时，会认为这是因为自己有实力；当遇到实在无法完成的任务时，则认为也许任务本身实在太难。而缺少自信的人则会把成功归功于好的运气，把失败看成是自己本领不到家。只是由于这小小的心理差异，虽然二人花的时间、精力都差不多，但往往较为自信的人的收获要大得多。

国内外多少科学家，尤其是发明家，哪一位不是对自己所攻克的项目充满信心呢？一次又一次地失败只会一次又一次地激发起他们的斗志。他们认为：失败越多，距离成功也就越近。但自信不是平白无故地就会附着在人身上的，首先人要有真才实学，接着才会有真正意义上的自信，并把它作为一种极其有用的动力。空有满腹自信，那只说得上是自以为是罢了。这种所谓的"自信"，不但不能推动人前进，反而害人不浅。

人生需要自信，需要自谦。但自信而不应自大自傲，自谦而不应自卑。自信能给人行动的动力，但自信往往和狂妄结伴。谦虚是人的一种美德，但谦虚往往与自卑相连。当今社会是一个个性张扬的社会，人更不可过于自谦。自信过了头就可能变为自大，这也是一种潜在的危险。自信可以使你从平凡走向辉煌，而狂妄则可能使你从峰巅跌入深谷。自傲是不知道天高地厚，把自己看的太高。自卑是缺乏自信心，瞧不起自己。他们的特点是怕这怕那，凡事总要瞻前顾后，遇事总要问自己：我能行吗？结果是越来越不行。自傲和自卑都是人生的敌人。

缺乏自信心的人，要学会建立自己的自信心。自信与不断取得成功有关，不自信与接连遭受挫折相连。当一个人不自信的时候，很难做好任何事情，当他什么也做不好时，他就更加不自信，形成一种恶性循环。若想从这种恶性循环中解脱出来，重建自信心，不妨先从最有把握的事情做起，从小事做起。在这个过程中要学会自我赞赏，这是很好的增强自信的办法。当你取得了一些成功的时候，要告诉自己，你能够把事情做好，你并不比别人差。这样长期坚持下去，你的自信心就逐步建立起来了。当你总是问自己 "我能行吗?" 的时候，你还难以摘取成功的花枝，当你满怀信心地对自己说："别人行，我也一定能够行!" 时，收获的季节离你已不太遥远了。

建立自信还要善于学习。研究表明，人的脑细胞相差不多，人的智力水平也相差不多，后天的努力非常重要。艺高人胆大，能者品自高! 缺乏自信往往和一个人的知识储藏、自身能力获得有关。中国的造字先人创造的 "怕" 字，是 "心白" 的会意，何为心白? 肚子里无货也! 多多注意学习吧，这会逐步增强你的自信心!

人生似一杯清茶，只有学会品味，才能体会她的清香；人生似一束鲜花，只有敢于观赏，才会看到她的美丽；人生似一场旅途，只有勇于亲身经历，才能体会到她的真谛。拿出你的自信开始行动吧，行动中，你的能力会不断提高，你的自信心会不断增强，行动中你距离成功就会越来越近!

第十一章 多长点心眼，少耍点心计

在人际交往或是日常生活中，"心眼"和"心计"好像没有多大区别。其实，这是一个认识上的误区。有心眼，指的是你懂得察言观色，懂得怎样去和别人搞好关系或是办好事情。但是有心计，一般就是说你这个人不太真诚，善于玩弄别人，八面玲珑，左右逢源了。作为初涉世事的年轻人，想在成年人的世界立足脚跟，最稳当的做法就是：多长点心眼，少耍点心计。

63. 做事情从不考虑别人的感受

有些人总想让别人相信自己是对的，并按照你的意见行事。可如果你不能设身处地站在别人的角度，找到别人的兴奋点、热点，又怎么可能让对方喜欢你，按你的意见行事呢？

在生活中，我们常常做所有的事情都是根据自己的利益出发的。而在我们过多的替自己考虑的时候，不妨也替别人考虑一下，将心比心。对待他人、了解他人的时候，要以自己的切身体验与感受去理解别人的感受和体验。它是我们在别人处境艰难、遭受不公正待遇或偶有失误时，提倡抱有的心态和认知方法。从另一个角度讲，这种宽大为怀、善解人意的生活态度，又可以看作是古老的儒家文化中"己所不欲，勿施于人"的表现之一。

美国汽车大王福特说过一句话："假如有什么成功秘诀的话，就是设身处地替别人着想，了解别人的态度和观点。因为这样不但能得到你与对方的沟通和理解，而且能更为清楚地了解了对方的思想轨迹及其中的要害点，方可有的放矢击中"要害"。

"如果我是你的话，我会原谅他的，而且绝不与他分手。"

朋友们，千万别认为话中的"如果我是你"只是短短的单纯的一句话而已，它能发挥的效力是不可限量的。这是因为，人从内心来讲都是以自我为中心的。如果你在说服别人的过程中，无意中使用了些不太得当的言词，但由于你巧妙地运用这句"如果说我是你"将能巧妙地弥补你言词上的过失，不仅如此，它还能促使对方作自我反省，使对方终于感觉到唯有你的忠言，才是对自己最有利的。

让我们再看看美国心理学专家卡耐基是怎样做的吧。

卡耐基曾租用某家大礼堂讲课。有一天，他突然接到通知，礼堂租金要提高三倍。卡耐基前去与经理交涉。他说："我接到通知有点震惊，不过这不怪你。如果我是你，我也会这么做。因为你是旅馆的经理，你的职责是使旅馆尽可能赢利。"紧接着，卡耐基为他算了一笔账，将礼堂用于办舞会、晚会，当然会获大利。"但你撵走了我，也等于撵走了成千上万有文化的中层管理人员，而他们光顾旅社，是你花5 000元也买不到的活广告。那么，哪样更有利呢？最终，经理被他说服了。

卡耐基所以成功，在于当他说"如果我是你，我也会这么做时"他已经完全站到了经理的角度。接着，他站在经理的角度上算了一笔帐，抓住了经理的兴奋点——赢利，使经理心甘情愿地把天平法码加到卡耐基这边。

每个人都需要站在他人的角度看问题。只有换位思考、将心比心，才能够真正了解他人的所思所想。

圣诞节到了，一位母亲带着5岁的儿子去买礼物。大街上回响着圣诞赞歌，橱窗里装饰着彩灯，可爱的小精灵载歌载舞，商场里五光十色的玩具应有尽有。

"来，宝宝，看，多漂亮的圣诞夜景啊！"母亲对儿子说道，然而儿子却紧拽着她的衣角，呜呜地哭出声来。

"怎么了？宝贝，要是总哭个没完，圣诞老人可就不到咱们这儿来啦！"

"我……我的鞋带开了。"

母亲不得不在人行道上蹲下身来，为儿子系好鞋带。母亲无意中抬起头来，啊，怎么什么都没有？没有绚丽的彩灯，没有迷人的橱窗，没有圣诞礼物，也没有装饰华丽的餐桌，原来那些东西都太高了，孩子什么也看不见。出现在孩子视野里的只是一双双粗大的鞋和妇女们低低的裙摆，在街上互相摩擦、碰撞、摇曳……

这位母亲第一次从5岁儿子目光的高度观察世界，她感到非常震惊，立刻起身把儿子抱了起来，从此这位母亲牢记，再也不要把自己以为的"快乐"强加给儿子。"站在孩子的立场上看待问题"，母亲通过自己的亲身体会认识了这一点。

其实，不仅一位好母亲需要站在孩子的立场上看待问题，每个人都需要站在他人的角度看问题。只有换位思考、将心比心，才能够真正了解他人的所思所想。

在生活中，我们决不要轻易地将自己的喜好、逻辑强加在他人身上，能站在他人的角度上看问题，多为他人着想的人，总是能赢得人们的喜爱和尊重。其实，学会体谅他人并不困难，只要你愿意认真地站在对方的角度和立场上看问题。

真诚地从他人的角度看事情，就是一个人遇事要先设身处地地站在别人的立场和处境思考问题，了解他人的观点和感受，体察和认知他人的情绪和情感。这里所讲的"他人"，可以包括任何与你相处、打交道的人，如你的父母、领导、同事、朋友、顾客等。

有个超级富豪，年轻的时候却是个一无所有的流浪汉。这个青年随着淘金大军来到了西部一个偏僻小镇，得到了镇长的热情接待。

当时正是春雨绵绵的时候，镇长门前的小路一片泥泞。路过的人们为图方便，都从镇长门前的花圃里穿过，花圃里的花草被踩得乱七八糟。青年非常生气，正要上前去劝阻人们别走花圃。这时候只见镇长挑了一担煤渣过来，马上就把泥泞不堪的大路铺好。

于是人们都自觉地从更干净方便的大路上行走，没人再从花圃绕行了。

这时候，镇长拍了拍青年的肩膀，意味深长地说道："看到了吧，年轻人，关照别人就是关照自己啊！"

青年顿然醒悟，他铭记着镇长的话，凡事多从他人的角度考虑，这个流浪汉终于成为一代石油大王，这就是伟大的洛克菲勒。

所以，当我们和别人相处的时候，为什么不试着从别人的角度考虑，设身处地地为别人着想呢？这样，不但能够为你赢得良好的人际关系，而且更有可能让你享受到给予的乐趣，感受到"送人玫瑰，手留余香"的快感。就像黑夜里电灯的盲人，不但给行人照亮了路，也让自己不被他们轻易撞到，岂不是一举两得吗？

64. 有好处不分享，总是自己独吞

"一份快乐，和一个朋友分享，就变成了两份快乐。"简简单单的一句话，告诉了我们分享的乐趣和重要性。如果有了好处不和别人分享，那么，你的快乐无人得知，下次你要做事情的时候，也不会有人伸出援助之手。简单的道理谁都明白，关键要看你怎么做了。

在我们周围有很多人，有好处往往一个人偷偷享用，不和别人分享。我们应该知道谁都有不顺的时候，或许你现在很顺利，但不代表你一直都会很顺利。当你顺利的时候有财富了，但不想和大家一同享用，等你不顺的时候，自然没有人帮助你。

实际上，一人吃独食是没有太大出路的。既然我们是群体性动物，那为何不和大家共同创造价值呢，个人的力量是有限的。只有和他人共同享乐才能将自己的快乐扩大到最大程度。只有学会分享，才能永远不枯竭。

学会分享，表面看起来很容易，实际做起来却很难。一般情况下，很多人也能做到与人分享，分享一份快乐，分享一份成功，分享所获得的物质财富和精神财富。但分享的范围很有限，这种有限的分享更多地体现在物质财富上，绝大多数人将分享的范围确定在亲人间，而不是毫无目的地与社会其他成员共同分享，这就涉及到分享的原则和理念问题。人们都能明白一杯水与一条河的本质区别，但很难深切体会拥有一杯水和拥有一条河的不同感受，特别是当人们从拥有一杯水到拥有一条河之后，如何面对自身的拥有。有的人与他人"分享"的目的就是为了更大地积累，将"分享"作为积累的手段，而更大积累的直接动因就是为自己，为子孙后代，这是多数人的心理，或者说分享原则和理念。对此，无论从法律和道义上讲，都难以苛求。然而，当人们仔细想想，如果我们拥有了一条河，不守住它，更不筑坝成堰，而是开源畅流，将有多少人从这河流中获得自己的一杯水、一桶水、甚至一条小河。而要做到这一切，就必然要有一个目光更为宽泛的与他人分享的原则和理念。当他人在饥渴中无能为力之时，为何不能从一条河中给予一杯水？当个人的"滴水"化为

20 JI SUI BI XU PAO QI DE XIAO XI GUAN

社会的"涌泉"之时，个人拥有的河流不但不会枯竭，反而可能形成全社会拥有的海洋。

　　学会分享你所拥有的，珍爱已经属于你的人和事。你的生活就会多姿多彩，而且变得更有意义。普通的日子也会因为你的珍爱而变得其乐融融，更加美满。

65. 总想着自己，不顾忌别人的利益

"各人自扫门前雪，休管他人瓦上霜。"在这个忙碌的社会中，压力让大家都疲于奔命，哪有时间去管别人如何呢？顾及别人的利益不是要让你牺牲自己，而是说你不要去做损人利己的事情。作为一个年轻人，成不成功都还在其次，最重要的是自己能不能行得正，做得直。一个成功的企业家说过：用别人的失败当垫脚石，永远不是真正的成功者。成功者身上最重要的是两个字：品格。

如果我们只看到自己，我们的今生将永远都只有自己的影子，我们的视野将永远地被局限住。总想着自己不顾及别人，那是自私的表现。自私自利是个人主义的道德境界，是私有制的产物，有各种不同的表现程度和形式。有的人极端的自私自利，公开露骨的损人利己；也有一些人设法寻找一种既能满足自己的私利，又能照顾别人利益的处世哲学，宣称"主观为自己，客观为别人"，但就其实质来说，利己是核心，是根本基础，是推动他们活动的根本动力。其实，互惠双赢，不是商场上最常见的一种成功技巧吗？

当你在顾客身上所付出的超出他们的想象时，那么他们也将成为你永久的客户，并且为你带来源源不断的新客户。经商，就是一种服务，你只有先满足于顾客，更好的照顾好顾客的利益，顾客才会照顾好你的利益。其实，做生意，讲究的就是和气生财，互利双赢。做生意的秘诀就是用"心"和别人交朋友，时刻想着对方的利益，学会让利于人。但很多老板做生意时，舍不得花钱，该花的钱不花，结果很难办成大事。

其实，要想赚钱，最快的办法就是先帮助别人赚钱；要得到别人的尊重，先去尊重别人；要得到别人的肯定，先肯定对方；要实现目标，就要先帮助别人实现目标；要得到别人的赞美，就要先去赞美别人。总之，你想要什么，就必须主动先去帮助别人实现什么，这才是互利，先的一方，更能得到别人的尊重，得到别人的信任。

哈维麦凯是一家信封公司的老板，有一次他去拜访一个客户，那个经理一

看他就说，"麦凯先生，你不要来了，我知道你很有名，我知道你很成功，很有钱，但我们公司绝对不可能和你下信封的定单。因为我们公司的老板和另一信封老板是25年的深交，并且你也不用再来拜访我，因为有43家信封公司的老板曾拜访过我三年，所以麦凯先生我建议你不要浪费你的时间。"

但麦凯先生有的是办法。有一次他发现这家公司采购经理的儿子很喜欢打冰上曲棒球，他又知道他儿子的崇拜偶像是洛杉矶一个退休的全世界最伟大的球星，一次，这个经理的儿子出车祸住在医院。这时麦凯觉得机会来了，他去买了一根曲棒球杆，让球星签名，送给这个经理的儿子。

他来到医院，经理的儿子问他是谁，他说，"我是麦凯，我给你送礼物。""你为什么给我送礼物？""因为我知道你喜欢曲棒球，你也崇拜这个球星，这是一根他亲自签名的曲棒球杆。"这个小孩兴奋得脚也不疼了，要下床来。这时麦凯说"我的工作结束了。"

小孩的父亲去医院发现他的儿子很兴奋，整个人都变了，以前每天都是垂头丧气，面无表情。他问他儿子怎么回事，他说刚才有一个叫麦凯的人送了他一根曲棒球杆，还有球星签名。

结果可想而知，这个采购经理和麦凯签了400万美金的定单。

显然，成功有不同的方法，有不同的思维模式，世界上没有卖不掉的产品，只有不会卖的人。

平时，在生活交往中，尤其是找一个陌生人要名片时，这个人肯定不会先给你，因为他会想，你是不是想推销产品给我。所以，当我们找别人要名片时，可以说，"大家交个朋友，以后有生意时，可以介绍给你。"这样一说，对方就打消了顾虑。但实际上，你真遇到一些需要帮忙，或是别人需要帮忙的事情时，你完全可以转介绍给那位陌生人。要想打消别人对你的顾虑，先让别人对你产生好感，因为他是因你的照顾而相信你。那么下一次，他遇到什么事情时，也会把业务介绍给你，这就是互利。所以，经商的一些朋友们，可以大量的印制名片，结交更多的朋友，多去主动照顾他们的生意，这样你的生意就会滚滚而来。

一个成功的生意人一次谈到自己的生意经，他说，"你和别人合作，假如你拿七分合理，八分也可以，那拿六分就可以了。"

这是什么意思？他让别人多赚二分，所以每个人都知道和他合作会赚到便宜，结果更多的人愿意和他合作。你想想看，虽然他只拿六分，但现在多了

100 个人，他现在多拿多少分？假如拿八分的话，100 个会变成 500 个。

又回到那句老生常谈的话上来："吃亏是福"。如果你是一个不愿意吃亏的人，最终会处于没有人愿意与你交往的境地。有的时候，想为别人谋利益，会为你带来更大的利益。

66. 朋友之间，把利益看得太重

朋友就是最大的资源，如果为了其他一些利益而损失朋友是得不偿失的，钱没了可以挣回来，但失去的朋友却是你永远也无法找回来的。所以在朋友之间别把利益看得太重，否则只会输的一无所有。

朋友是什么？就是惺惺相惜，值得相互尊敬的人，在生活中长期的倾心互诉，长期的你来我往中，产生一定的信任度，并有一定的依恋感，这种依恋感就是当朋友遇到困难或挫折时，不加思量的伸出援助之手，使朋友渡过难关的态度。现代社会竞争激烈，压力甚大。朋友与朋友之间是最大信任的倾诉者。现在人在生活与工作中虽然烦恼不堪，但绝不会向谁都可诉说，只有朋友间那种深深的理解、支持、帮助才会为你解除所有烦恼的。朋友就像你生命中的一盏灯，当你最需要温暖的时候就送来温暖；朋友就像你的精神支柱，当你颓废的时候给你最多的勇气。朋友需要诚心的付出，就像一株花，它需要时常浇水，友情之花才能开放得最久，最香。当你拥有一份最深的爱情，再拥有最真的友情时，你就是世界上最幸福的人，你的人生就有最大的价值，你将此生无憾！滚滚红尘中，有一两个好朋友，真好！

真正的朋友间有一种默契，当你有一种感觉想表达出来而未出其言时，身边的朋友可能已恰到好处地讲出了你的所想，这种朋友，已是朋友中的极品，这就是人们常说的"知己"。人生得一知己足矣，一生中，能有这样一个知己的朋友，乃人生一大幸事。

但是，在现代生活中，越来越多的人因追求金钱而放弃了真正的朋友。在现代人的思想中，有的人认为"朋友就是用来利用的"，最后，这种人只会失去所有的朋友。没有朋友的人，等于一无所有，是可悲的。

如果两个朋友之间，还是"好朋友，明算账"，以利益为标准来交往的话，那么，没有人会交到真正的朋友，也不能享受到友情的乐趣，而且到了关键时刻，虚情假意的朋友，也必定会弃你而去，让你独自承担苦痛与悲伤。

维克多从父亲的手中接过了一家食品店，这是一家古老的食品店，很早以前就存在而且已出名了。维克多希望它在自己的手中能够更加发展壮大。

一天晚上，维克多在店里收拾，第二天他将和妻子一起去度假。他早早地关上店门，以便做好准备。突然，他看到店门外站着一个年轻人，面黄肌瘦、衣服褴褛、双眼深陷，是一个典型的流浪汉。

维克多是个热心肠的人。他走了出去，对那个年轻人说道："小伙子，有什么需要帮忙的吗？"

年轻人略带点腼腆地问道："这里是维克多食品店吗？"他说话时口音带着浓重的墨西哥味。"是的。"维克多回答。

年轻人更加腼腆了，低着头，小声地说道："我是从墨西哥来找工作的，可是整整两个月了，我仍然没有找到一份合适的工作。我父亲年轻时也来过美国，他告诉我他在你的店里买过东西，喏，就是这顶帽子。"

维克多看见小伙子的头上果然戴着一顶十分破旧的帽子，那个被污渍弄得模模糊糊的"V"字形版符号正是他店里的标记。"现在我没钱回家了，也好久没有吃过一顿饱餐了。我想……"年轻人继续说道。

维克多知道眼前站着的人只不过是多年前一个顾客的儿子，但是，他觉得应该帮助这个小伙子。于是他把小伙子请进店内，好好地让他饱餐了一顿，并且还给了他一笔路费，让他回国。

不久，维克多便将此事淡忘了。过了十年，维克多的食品店越来越兴旺，在美国开了许多家分店，于是他决定向海外扩展，可是由于他在海外没有根基，要想发展是很困难的。为此维克多一直犹豫不决。

正在这时，他突然收到从墨西哥寄来的一封陌生人写的信，原来正是多年前他曾经帮过的那个流浪青年。

此时那个年轻人已经成了墨西哥一家大公司的总经理，他在信中邀请维克多去墨西哥发展，与他共创事业。维克多喜出望外，有了那位年轻人的帮助，维克多很快在墨西哥建立了他的连锁店，而且发展得异常迅速。

这个故事告诉我们，不计回报的友谊往往更会带来意想不到的收获。你可以给一个路人细心指路，可以帮助远在天边素不相识的贫困山区的孩子满足上学的渴望，可以给素昧平生的老人、孕妇让出你的座位……也许这些不能给你带来实质的帮助，但是，你难道没有收获帮助人的快乐吗？这个时候，利益并没有那么重要。

真的，朋友才是最大的资源，为了这些资源，舍弃那些小的利益，把眼界和心胸都放宽大吧，因为你一定会发现，朋友，才是你最大的财富。

67. 做错事，总是推脱自己的责任

做错事勇于承认是一种成熟的表现，是别人敬重你的很重要的原因之一，是提升你自身价值的一种有效方式。做错事后勇于承认不但不会丢人，反而会给你赢来别人的赞赏的目光。而如果你推脱责任的话，不但不会让自己免于处罚，反而会让人觉得你是个懦夫，甚至会对你的人品产生怀疑。因此，做错了事，你要做的是，抬起头，承认错误，然后埋下头，改正错误。这样，才能成就一个完整的人格。

在日常生活中，每一个人都会犯各种大大小小的错误，即使是伟人也会这样。所以犯错并不可怕，错误是难以避免的。

但是，如果逃避错误，那就是最愚蠢的。大多数人由于不知道从错误中吸取教训，悟出道理，所以只是一味地逃避错误，以致一错再错，不可收拾。逃避错误的人，有的说谎或否认，掩饰自己的错误；有的指责别人，千方百计开脱自己的责任；还有的人，怕犯错误，干脆就半途而废。这些人都是极其愚蠢的，他们这样做，于事无补，害人害己。

20 年前，一个从美国回港的年轻建筑师开始创业，那时他的工作无论在香港还是内地都发展的比较顺利。有一次，公司在内地有一个房地产项目，他担任主任建筑师。项目开始不久，他就发现了他们在设计上犯了一些错误，怎么办呢？他当机立断地召开了有关人员会议，并在会上公开承认了错误，并认真提出了改正错误的方案。那时会上绝大多数都是内地的工程师，他们一边听一边用惊讶的眼光注视着他。这个年轻的建筑师再三强调："如果现在不及时纠正这些小错误，等以后房子盖起来问题就严重了，到时候，这种无可挽回的损失谁也承担不起！"同时，他又诚恳地向开发商致歉："对不起，我们搞错了，我们会好好修改的，请放心。"会后，开发商和客户找到他并说："我们没想到你会这样主动承担责任，你的修改方案，我们也很满意。"事后，开发商和客户对这个公司和建筑师不但没有产生信任危机，反而更加尊重和信任这个公司和建筑师了。

　　与之相反，多年前香港沙田建了一幢四十多层的公屋，一开始施工，他们的地基就发生了问题，但是负责这项工程的人却掩盖了这个真相。直至这幢大楼建成之后，才发现这幢大楼的地基有很大的问题，结果只能拆了重建，造成了极其严重的损失（据说香港政府为了此事多花了一个亿的资金）。当然，香港政府最后只好采取法律手段来解决这个问题。

　　上面的例子告诉了我们一个简单的道理：如果一开始发现问题就勇于承担错误，就不会造成过大的损失，相反，很多人认为承认了错误就会丢面子，会很痛苦、难受的。勇于承担错误，这是最直接、最及时解决问题的办法，这样，纠正了错误，挽回了损失，也挽回了你的面子。反之，有错误不承认，最终"纸里包不住火"，你的面子就真的丢尽了。

　　犯错也是一种工作经验。聪明人会从自己和别人的错误中认真总结和反思，从中获得十分宝贵的工作经验。这种经验，在生活中其他地方找不到，唯有从错误中才能真正吸取教训。所以，聪明人会选择勇于承担错误，不断完善自己，从而使自己变得更聪明。

68. 总想有贵人相助，但你却很少助人

"善有善报"是一句好话，也是一句真话。经常帮助别人，总有一天，这份善意也会在你自己身上得到应验。相反，如果总是想让别人帮助自己，自己却永远不对别人伸出援助之手的话，那么，你即使一时得意，之后也会因为孤立无援而摔得很惨。记住，你不是傻子，别人也不是傻子。

帮助别人，就等于帮助自己。一个人在帮助别人时，无形中投资了感情，别人对于你的帮助会永记于心，只要有机会，他们会主动报偿的。

真正有涵养的人，在别人需要帮助的时候绝不会袖手旁观，而是尽自己的能力给予同情和帮助。只有真诚地帮助别人，别人才会真诚地对你。那种虚情假意、华而不实，甚至想捉弄人、看别人笑话的人，注定不会得到朋友，只有互助才能双赢。

有一天，一个叫辛格的人和一个同伴穿越喜马拉雅山脉的某个山口。他们看到一个躺在雪地上的人。辛格想停下来帮助那个人，但他的同伴说："如果我们带上他这个累赘，我们就会送掉自己的命。"然而辛格不忍心丢下那个人，让他冻死在冰天雪地里。当他的同伴跟他告别时，辛格把那个人抱起来，放在自己背上，他使尽全身的力气背着那个人往前走。渐渐地，辛格的体温使这个冻僵的身躯暖和起来，那个人活过来了。过了不久，两个人并肩前进。当他们赶上那个同伴时，却发现他死了——是冻死的。助人就是助己，辛格心甘情愿地冒着生命危险去帮助别人，于是他得到了回报。而他那冷酷无情的同伴只顾自己，最后反而丢了性命。

从前有个国王，十分疼爱他的儿子。这位年轻的王子几乎心想事成，但他仍然常常紧锁眉头，闷闷不乐。有一天，一位牧师走进王宫，对国王说，他有办法使王子快乐。牧师把王子带进一间密室，然后用笔在纸上写了一句话，他把这张纸交给王子。王子拿过来一看，只见上面写着：每天给别人做一件善事。王子遵命而行，不久，他果然变成了一个快乐的少年。这个故事告诉我们什么道理？它告诉了我们：无私的帮助别人是获得快乐的源泉。

　　一个贫穷的小男孩为了攒够学费挨家挨户地推销商品。劳累了一整天的他此时感到十分饥饿，但摸遍全身，却只有一角钱。怎么办呢？他决定向下一户人家讨口饭吃。当一位美丽的年轻女子打开房门的时候，这个小男孩却有点不知所措了。他没有要饭，只乞求给他一口水喝。这位女子看到他很饥饿的样子，就拿了一大杯牛奶给他。男孩慢慢地喝完牛奶，问道："我应该付多少钱？"年轻女子回答道："一分钱也不用付。妈妈教导我们，施以爱心，不图回报。"男孩说："就请接受我由衷的感谢吧！"说完男孩离开了这户人家。此时，他不仅感到自己浑身是劲，而且还看到上帝正朝他点头微笑，那种男子汉的豪气像山洪一样迸发出来。其实，男孩本来是打算退学的，但现在，他却又有了力量。

　　数年之后，那位年轻女子得了一种罕见的病，当地的医生对此束手无策。最后，她被转到大城市医治，由专家会诊治疗。当年的那个小男孩如今已是大名鼎鼎的霍华德·凯利医生了，他也参与了治疗方案的制定。当他看到病历上所写的病人的住址时，一个奇怪的念头霎时间闪过他的脑际，他马上起身直奔病房。

　　来到病房，凯利医生一眼就认出床上躺着的病人就是那位曾帮助过他的恩人。他回到自己的办公室，决心一定要竭尽所能来治好恩人的病。从那天起，他就特别关照这个病人。经过艰辛努力，手术成功了。凯利医生要求把医药费通知单送到他那里，在通知单的旁边，他签了字。

　　当医药费通知单送到这位特殊的病人的手中时，她不敢看，因为她确信，治病的费用将会花去她的全部家当。最后，她还是鼓起勇气，翻开了医药费通知单，旁边的那行小字引起了她的注意，她不禁轻声读了出来："医药费——一满杯牛奶，霍华德·凯利医生。"这个故事启示我们：帮助别人，终将会有好报。

　　古人云："将欲取之，必先予之"。这句话道出了人生的真谛。要想成功，就要先用功；你要想摘取树上的果实，就必须先要给树浇水、施肥；你若想在工作上干出成绩，就必须先要付出心血和汗水；你要想得到别人的帮助，就必须先要去帮助别人；你要想得到别人的爱，就必须先要爱别人。

　　某杂志社曾向一些人做调查："你最欣赏的品质是什么？"大部分人的回答是："助人为乐"。而当杂志社问到："当别人遇到困难的时候，你会怎么办"？大部分人的选择是："悄悄走开"。人是一种具有七情六欲的高等动物，在遇到困难和挫折的时候，我们需要的不仅是自我安慰，他人轻声的安抚和温热的手掌更是我们所渴求的。

在人生之路上，我们一定会遇到许多困难，但是你是否知道，在前进的路途上，搬开别人脚下的绊脚石，有时恰恰是在为自己铺路。

69. 只想表现自己，而忽视团队的协作

团队精神是现在的职场、生活与社会中最关键的一种品质。只有拥有这样的品质，才能和朋友们，同事们携手并进，共创辉煌。相反，如果认为自己很能干就瞧不起其他人，只是单打独斗，那么一定无法成功。生活中，各个都是主角，不是你自己的独角戏。

俗话说，"三个臭皮匠赛过诸葛亮"，虽然浅显，但却生动的说明了团队精神和团队合作的重要性。团队合作最重要的是成员之间的互相配合，不是主要看哪一个人的表现好与否。团队合作是一种为达到既定目标所显现出来的自愿合作和协同努力的精神。它可以调动团队成员的所有资源和才智，并且会自动地驱除所有不和谐和不公正现象，同时会给予那些诚心、大公无私的奉献者适当的回报。如果团队合作是出于自觉自愿时，它必将会产生一股强大而且持久的力量。团队合作要求成员密切合作，配合默契，共同决策和与他人协商。

有这样一个故事：一个瞎子和一个跛子，被大火围在一座楼房里，只能坐以待毙，但四肢健全的瞎子和眼睛明亮的跛子，聪明的组合成一个完整的"身体"，瞎子背着跛子，跛子指路，终于从大火中死里逃生。

人无完人。我们每个人难免在某些时候变成"瞎子"或是"跛子"，需要与他人合作以弥补我们自身的缺陷。一项事业的成功往往是众人精诚合作的结果，一个单位，不但同级之间需要合作，就是上下级之间也需要合作。不同的人处于不同的位置上，就要分别发挥自己的特长。作为一个部门负责人，要学会调动组员的积极性、凝聚他们的向心力，把部门工作做得更好、更出色。如果负责人一手包办，或者只把自己的组员当作机器人一样使唤，自然会引起有思想、有主见、有智慧的组员的不满，从而导致负责人与下属合不来甚至闹僵的被动局面。《易经》有言："二人同心，其力断金。"俗话说，"单丝不成线，独木不成林。"说的都是一个人再有天大的本事，如果没有合作精神，仍旧难成大事。

1985 年，法国科学家曾发现蚂蚁能救火。后来，英国一位动物学家的实

验证实了法国科学家的发现。

英国科学家把一盘点燃的蚊香放进了一个蚁巢。开始，巢中的蚂蚁惊恐万状，约20秒钟后，许多蚂蚁见险而上，纷纷向火冲去，并喷射出蚁酸。一只蚂蚁能喷射的蚁酸毕竟有限，因此一些"勇士"葬身火海。但它们前赴后继，不到一分钟，终于将火扑灭。存活者立即将"战友"的尸体，移送到附近的一块"墓地"，盖上一层薄土，以示安葬。

一个月后，这位动物学家又把一支点燃的蜡烛放到原来的蚁巢进行观察。尽管这次"火灾"更大，但这群蚂蚁却已有了经验，调兵谴将迅速，协同作战有条不紊。不到一分钟，烛火即被扑灭，而蚂蚁无一遇难。科学家认为，蚂蚁创造了灭火的奇迹。

蚂蚁面临灭顶之灾的非凡表现，尤其令人震惊。

在野火烧起的时候，为了逃生，众多蚂蚁立即聚拢，抱成一团，然后像滚雪球一样飞速滚动，逃离火海。那噼里啪啦的烧焦声，是最外层蚂蚁用自己的躯体开拓求生之路时的呐喊，是奋不顾身、无怨无悔的呐喊。是最外层蚂蚁的牺牲，保全了蚂蚁种族的繁衍。

美国科学家富兰克林说："没有任何动物比蚂蚁更勤奋，更团结。"小小的蚂蚁，面临灾难时的无私和智勇，能给人巨大的启示。

当今社会是一个充满了竞争的社会，各个方面都充满了竞争，人才竞争、物力竞争、资本竞争、信息竞争，等等。但最重要的就是人才竞争，人才是企业发展的核心。但是，拥有众多高新人才的企业不一定就会发展。只有人才管理合理化了，人才之间相互团结了才有可能形成核心竞争力，才有可能产生效益。

这是一个循环：相互团结了才能发挥出每个人的才智，形成集体力量，事半功倍；反之，则相互之间充满了矛盾，充满了怨愤，如何有集体力量之谈哪？人才资源不就大大的浪费了吗？因此，现在很多企业在招聘人才的时候，都把是否具有团队合作精神作为一项重要的考察手段。

因此，团队合作是成功的基础。连小小的蚂蚁都知道这个道理，何况人呢。明白了团队合作的重要性，那么我们就需要了解，怎样才能做好团队合作。

1. 平等友善

与同事相处的第一步便是平等。不管你是资深的老员工，还是新进的员工，都需要丢掉不平等的关系，无论是心存自大或心存自卑都是同事相处的大忌。同事之间相处具有相近性、长期性、固定性，彼此都有较全面深刻的了解。要特别注意真诚相待，才可以赢得同事的信任。信任是连结同事间友谊的纽带，真诚是同事间相处共事的基础。即使你各方面都很优秀，即使你认为自己以一个人的力量就能解决眼前的工作，也不要显得太张狂。要知道还有以后，以后你并不一定能完成一切，还是平等友善地对待对方吧。

2. 善于交流

同在一个公司、办公室里工作，你与同事之间会存在某些差异，知识、能力、经历造成你们在对待和处理工作时，会产生不同的想法。交流是协调的开始，把自己的想法说出来，听对方的想法，你要经常说这样一句话："你看这事该怎么办，我想听听你的看法。"

3. 谦虚谨慎

法国哲学家罗西法古曾说："如果你要得到仇人，就表现得比你的朋友优越；如果你要得到朋友，就要让你的朋友表现得比你优越。"当我们让朋友表现得比自己优越时，他们就会有一种被肯定的感觉；但是当我们表现得比他们还优越时，他们就会产生一种自卑感，甚至对我们产生敌视情绪。因为谁都在自觉不自觉地强烈维护着自己的形象和尊严。

所以，对自己要轻描淡写，要学会谦虚谨慎，只有这样，我们才会永远受到别人的欢迎。为此，卡耐基曾有过一番妙论："你有什么可以值得炫耀的吗？你知道是什么原因使你成为白痴？其实不是什么了不起的东西，只不过是你甲状腺中的碘而已，价值并不高，才五分钱。如果别人割开你颈部的甲状腺，取出一点点的碘，你就变成一个白痴了。在药房中五分钱就可以买到这些碘，这就是使你没有住在疯人院的东西——价值五分钱的东西，有什么好谈的呢？"

总之，你应该以你的思想感情、学识修养、道德品质、处世态度、举止风度，做到坦诚而不轻率，谨慎而不拘泥，活泼而不轻浮，豪爽而不粗俗，一定可以和其他同事融洽相处，提高自己团队作战的能力。